U0220236

地理媒介：网络化城市与公共空间的未来

Geomedia: Networked Cities and The Future of Public Space

[澳]斯科特·麦夸尔(Scott McQuire) 著
潘霁 译

丛书主编 孙玮

复旦大学出版社

本书为国家社科重点项目“新媒体环境下的城市传播研究”（批准号：15AXW007）的阶段性研究成果

目录

从书序

孙　玮*

英国著名历史学家彼得·伯克的皇皇巨著《知识社会史》描述了自1450年以来西方知识界全景。在知识地理学部分，他写道："在某些情形下，某一特定的城市催生了特定的学科，或者某学科中特定的分支。19世纪末芝加哥大学的社会学专业就是一个绝佳的例子，尤其是20世纪20年代芝加哥学派的兴起。"①想来传播学学者们看到这一段是既兴奋又沮丧的。一方面，伯克在知识史长河当中突出了帕克的思想，无疑是对传播学知识生产的一种特别关注。另一方面，和许多知识史研究一样，帕克的芝加哥学派被归于社会学，传播学并未以建制化的面貌在彼时出现。伯克在这个议题中指出了城市、交流与知识生产之关系，"城市催生了特定形态知识社群的出现。城市中聚集了足够多形形色色的人，在书店、咖啡馆和小酒吧里，同好们分享信息、交换观点，近代科学革命和启蒙运动都大大受益于这些交流"②。这个观点指出了传播学知识生产与城市的重要关系，但惜乎并没有在传播研究领域引起特别的反响。到了20世纪40年代，知识的历史进入了伯克称之为"知识的技术化"的时代③。计算机、网络彻底改变了人类知识的基本状态。

借助巨人的肩膀回望历史，我们看到，新技术、城市化、全球化的汹涌大潮将传播研究推向一个"紧要关头"，传播学知识生产面临巨大的挑战与机

---

* 孙玮，复旦大学新闻学院教授，复旦大学信息与传播研究中心研究员。

① 彼得·伯克：《知识社会史(下卷)——从"百科全书"到维基百科》，汪一帆、赵博图译，浙江大学出版社2016年版，第211页。

② 同上书，第213页。

③ 同上书，第296页。

遇。我们盼望像帕克、沃斯、伯吉斯的传播思想先哲那样，扎根城市发展的本土化经验，拓展中国传播学研究的新领域，这正是复旦大学信息与传播研究中心提出城市传播的初衷与宗旨。传播与中国译丛·城市传播系列也是这个总目标之下的一个举措。2011年早春时节在苏州金鸡湖畔的茶馆里，复旦大学信息与传播中心的同仁们啜饮着碧螺春，商议着中心未来的研究规划。大家从各自的研究领域出发，围绕当前传播实践与中国社会之发展变化，试图寻找既能够凝聚大家的研究方向，又能突破现有新闻传播学研究框架的理论焦点。渐渐地，"城市传播"作为一个核心概念浮现出来，莫名的兴奋感瞬间击中了在座的每一位。2011年仲秋在宁波大学静谧辽阔的校园，我们邀请新闻传播学领域的旧友新朋，拿出我们简陋但充满想象的城市传播研究设想，开了一个天马行空的论证会，得到与会者的高度肯定。就这样，城市传播成为中心研究发展的一个关键词。如果我们将之理解为中心发展史上的一个事件，那我们就要问齐泽克关于事件的著名的问题，"事件究竟是世界向我们呈现方式的变化，还是世界自身的转变"①。

齐泽克回答说："事件涉及的是我们借以看待并介入世界的架构的变化。"②自2011年"城市传播"成为中心的聚焦点，渐渐地，我们看待新闻传播学的基本方式变了。传播、媒介、城市、技术、新闻，这一个个我们以为烂熟于心的概念日益显露出前所未见的五彩斑斓。六年过去，中心围绕城市传播展开的研究形成了一个基本轮廓，其间不断得到一些海内外同道的回响，渐渐地显露出崭新气象。城市传播呈现出三个基本特点：跨学科、以媒介为尺度、视传播为存在之基本要素，紧紧围绕着城市与传播这两个关键词，试图在不同学科领域的城市研究中，汇聚传播的基本视角与议题，呈现传播研究的独特价值。段义孚在建构人文地理学派时说，"正如生命本身一样，思想的生命也是持续不断的"③。城市传播研究抱持的学术企图，是在新技术狂飙突进的当前，回应世界范围的城市化进程，反思传播学的视阈边

① 斯拉沃热·齐泽克：《事件》，王师译，上海文艺出版社2016年版，第7页。
② 同上书，第13页。
③ 段义孚：《空间与地方——经验的视角》，王志标译，中国人民大学出版社2017年版，第1页。

界，进行传播研究的范式创新。这也正是传播与中国译丛·城市传播系列的宗旨与目标。传播与中国译丛·城市传播系列书目的选择，是围绕上述想法展开的：从跨学科的视角，关注不同学科城市研究中涉及传播的核心议题，特别突出新技术对于城市及传播的前沿性影响，在理论和实践两个层面拓展对于传播、城市、媒介、新闻、技术的理解。

“传媒本来不是什么特别的东西。我们在光的传媒中看，我们在声音的传媒中听，我们在语言的传媒中交往，我们在货币的传媒中交易。”①如今，传播与媒介突然变成了照耀人类的一道新曙光。三五年前新闻传播界还在感叹大众媒介遭遇新媒体的挑战、大量专业人才流失等等本行业危机的问题，好像只是倏忽一瞬间，人工智能铺天盖地地席卷而来，横扫学术研究与社会实践的方方面面。新传播技术正在把人变成最终的媒介，这不是一个行业的变革，而是人类与世界的连接迈进一个崭新阶段。身处卡斯特描绘的网络时代的“都市星球”，我们期盼以“城市传播”呼唤更多的学术同道，给予这个时代一个有力的响应。

① 马丁·塞尔：《实在的传媒和传媒的实在》，选自西皮尔·克莱默尔：《传媒、计算机、实在性》，孙和平译，中国社会科学出版社2008年版。

中文版序

我很乐意给《地理媒介》一书的中文版作序。

在研究和书稿撰写过程中，我一共来了中国七次，多数是来上海。我和上海复旦大学信息与传播研究中心的学者们建立了非常紧密的合作关系。同时，我自己在澳大利亚墨尔本大学教授的媒介融合与数字文化研讨课程中也有幸认识了不少来自中国的年轻学子。我虽然对中国所知有限，但与中国同事和中国学生的交往也教育了我。我得以第一手地了解到中国当下正在发生的巨大变迁，并且更清楚地认识到我自己研究的话题在中国也能引起强烈的共鸣。当代中国是人类历史上城市化进程最为全面和迅速的所在。同时，中国现下有不少数字平台无论规模还是地位都能够与美国公司在网络搜索（百度）、社交媒体（腾讯）和电子商务（阿里巴巴）等领域一争高下。

接下来，我将“地理媒介”概念描述为在现代城市中与不同媒介平台的空间化过程紧密相关的新技术条件。地理媒介提高了媒介设备和各种服务改变人们空间体验的能力。作为这些命题的基础，我认为媒介与城市社会空间之间出现了新的结构性耦合。比起十年前我第一次提出此观点时①，现在已经有更多的人开始逐渐接受这种耦合。但对于如何理解这两者之间的关系，目前却仍然存在着各种争议。

随后，我提出数字媒介平台与具体城市空间关联起来究竟结果如何要取决于一系列其他因素，其中包括许多相对来说更为“本地化”的影响因素。我在本书探讨中涉及不少案例的经验材料都来自在澳大利亚进行的研究。但是考虑到我是在与世界各地学者的交流过程中形成了这些思想，很显然其中有些过程、动力和情形的发展已超越了民族国家边界和文化差异。这自然不是说发展过程、结果和对此的体验将千篇一律。政治体系、政体环境、历史和文化实践等方面的差异都会以各种方式影响对城市媒介平台的

---

① McQuire, S., *The Media City: Media, Architecture and Urban Space*, London: Sage/Theory, Culture & Society, 2008.

采用和随后的重构与调整，其中包括地图应用、移动数字装备、城市屏幕和大规模媒介艺术作品等。尽管如此，本书旨在揭示一系列能将地理媒介作为一种新条件加以定义的共同特点和趋势。数字媒介不再与城市公共空间的地理物质属性针锋相对。相反，数字媒介成了现代城市“空间制造”实践和战略的重要发展方向。现代媒介平台与公共空间之间的复杂关系改变了公共集会面临的传统局限，也影响了在城市中发生偶遇和交往的复杂动态。但这并非仅仅增强了市民的主体性，这些变化同时也在城市场景中带来了新的力量、新的节奏、新的规模比例和情感体验。为了更好地理解这一状况，我们需要从包括媒介研究和城市研究在内的各种学术传统中借鉴研究方法，并借此超越原有的传统方法。这也意味着需要更为关注媒介平台如何通过它们具体的界面和信息（传播）规则来塑造城市公共交往。最后一点强调了数据在新的城市媒介环境中的重要性。对数据的获取和控制成为21世纪城市生活中各种政治冲突和社会斗争的最前线。

在本书中，我还提出网络化公共空间是我们通过体验来学习如何与多样化的他者建立关系的重要领域，这种关系构成了现代城市社会生活。由于媒介与城市公共空间之间的关联越来越紧密，我认为列斐伏尔提出的“对城市的权利”需要与时俱进地变为“对网络化城市的权利”。在这方面，中国面临的具体挑战可能与澳大利亚（欧洲、非洲或美洲）都截然不同。但现代社会对中介（media）和直接（immediacy）关系的反思构成了全球化不平等条件的重要维度，我们无论身处何地都需要对此作出回应。

最后，我个人感谢潘霁博士翻译我的著作。从学术层面在不同文化实践之间的转译对于形成对话、帮助人们就共同面对的问题达成共识至关重要。全球环境资源短缺，需要我们发展出更具可持续性并更为公平的方式在城市中共同生活。而城市本身的意义却已经在此过程中发生了重要变化。这并不能成为沉沦于悲观主义的理由，相反，这是人们当下采取行动的号角。我们如今商议实施的各种决策、环境设置和行动计划都会对城市生活产生长远的影响。这从根本上意味着完成向数字城市和网络化公共空间的转型是我们这代人责无旁贷的责任。我谨希望本书可以为这一转型作出自己微薄的贡献。

斯科特·麦夸尔

2017年10月

译者序

地理媒介、生活实验艺术与市民对城市的权利*

潘　霁

城市已经成为全球社会最为常见的主流生活形态。随着数字网络技术的发展，市民经由城市生活的日常实践越来越紧密地将不断涌现的传播媒介技术、城市的地理建筑等空间元素以及城市本地的文化历史积淀按不同城市的特有逻辑勾连起来。媒介与城市生活经由日常实践的融合不断创造出城市新的交往时空。媒介化的城市交往时空重新设定了市民与自我、与多元他者，以及与外在世界共处的方式。而市民作为"城市人"的存在恰恰取决于市民与差异性的共处。正是在探索网络时代的市民如何作为"城市人"而存在这个最基本的意义上，人们现在比起以往任何时候都更需要在城市的公共生活中积极主张并努力实现自己作为居住者(inhabitant)对城市的权利①。

然而，新技术条件下居住者对城市的权利的内涵或实现路径都发生了根本转变。媒介与城市地理空间融为一体：媒介技术创造的虚拟的"公共空间"与广场、街道、公园和建筑等实体的城市地理空间合二为一。融入地理成为城市实体环境的媒介技术不再仅作为真实的"再现"或者中立的"传输手段"而从属于"现实"。城市地理空间中大量原本的"直接经验"与技术中介化过程紧密融合后抹淡了"中介经验"与"直接经验"之间原有的界线。媒介技术的大量涌现"超越了距离、从属性和缺席"②。二元间界线的重构

---

* 本文原刊于《新闻记者》2017年第11期。本文系国家社科重点项目"新媒体环境下的城市传播研究"(批准号：15AXW007)的阶段性研究成果。

① Lefebvre, Henri, "The right to the city", in Kofman & E. Lebas (eds.), *Writings on Cities*, Oxford: Blackwell, 1996.

② McQuire, Scott, *Geomedia: Networked City and the Future of Public Space*, Cambridge: Polity Press, 2016.

从根基上颠覆了经典传播研究背后的“再现论”预设。在新的媒介条件（即新的城市）中，以在场-缺席或中介-直接等二元对立结构为基础的媒介理论应怎样从技术环境变化出发重建自身根基？市民对城市的权利面临着怎样的机遇？数字技术与城市地理的融合过程涌现出哪些悖论？我们在新的条件下如何讨论媒介与城市的关系？传播技术的发展如何才可以为市民实现对城市的权利开辟新的可能？

复旦大学信息与传播研究中心新近推出传播与中国译丛·城市传播系列第一部，由澳大利亚墨尔本大学斯科特·麦夸尔（Scott McQuire）所著的《地理媒介：网络化城市与公共空间的未来》从“地理媒介”概念入手，整合多学科资源对传播学理论作了彻底的反思重构。麦夸尔的著作从理论上激发读者对传统媒体研究背后的“再现论”范式作创造性批判。作者阐明了数字媒介在促进城市公共生活方面的种种悖论，并通过在不同城市空间的现场实验探索了地理媒介支持的交往在“重造公共空间”方面的可能性。问题与多重可能性的辩证统一构成了城市传播研究的关键①。对问题—可能性的整体叙事和分析充分体现了麦夸尔教授理论上的创新和对城市公共生活的应然立场。本文从麦夸尔对媒介与城市关系中存在的问题的分析、对技术可能性的讨论和整书结构等侧面入手，希望对此书的意义和局限有较为中肯的评述。

问题：媒介与城市公共生活的堕落

麦夸尔教授的《地理媒介》全书提问的基点是作者体察到媒介技术与城市之间的关系的剧变给城市公共生活及媒介研究带来了新的问题。问题的提出本身彰显了作者基于对在场-缺席二元对立结构的反思重新理解媒介技术和即时性的理论意图，阐明了作者对目前占主导地位的“智慧城市”理念及其背后的技术观念的深刻批判，而发问方式也预示了问题的答案对于

① 多琳·马西、约翰·艾伦、史蒂夫·派尔：《城市世界》，杨聪婷等译，华中科技大学出版社2016年版。

城市公共生活的未来具有指向性意义。

数字网络媒介与城市地理元素全面的深度融合将越来越多的传统媒体转化为“地理媒介”①。“地理媒介”深刻地改变了城市和媒介的结合以及二者对于公共生活的含义。诸多新的城市交往实践迅速涌现：技术与技术实践的变化远远超过了城市文明理解技术的速度。技术与（技术）文明在发展速度上的失调导致城市公共生活的全面堕落和现代文明的退化②。这种堕落和退化既表现在个人层面，也影响城市生活整体的生命力。从个人角度，乔纳森·克拉里（Jonathan Crary）指出，“（在数字网络环境中）个人的物化已经到了这样的程度：个人不得不为自己更好地参与数字环境或响应数字化的速度而重新认识自我”③。自我在数字媒介环境中的“物化”在城市中创造出诸多碎片式的差异并“打开”了更多炫人耳目的新奇体验。城市中被传播技术（程序算法）“黑匣子”驱动的喧嚣忙碌渗透到日常生活的细枝末节。繁忙纷乱的城市网络矩阵中，个人即兴的破坏性创造和人与人之间“心有灵犀”的偶遇却愈发难觅。市民个人存在的意义或湮灭在日常每个离散时刻的繁忙乏味，无迹可寻。与碌碌无为如影随形的是城市市民个人生活激情和创造活力的衰退。除此以外，城市公共空间与私人领域间传统边界急速的重构也产生了双重后果：诸多原隐于城市“后台”的交往实践获得了“可见性”，而城市对“缺席”的象征性“召唤”也发生了转变。这种变化将大量“新奇诡异”的体验带入市民生活：既可激发市民实验性的探索精神，也带来了存在意义上的不安全感和对未来的焦虑④。城市乏味的喧嚣和无处躲避的“焦虑”笼罩了个人日常生活——个人的堕落和生命的退化迫在眉睫。

从城市整体看，作为城市精神生命力源泉的玩乐精神（play）和公共参与过程在超工业化逻辑的支配下也发生了关键转变。按斯蒂格勒

---

① McQuire, Scott, *Geomedia: Networked City and the Future of Public Space*, Cambridge: Polity Press, 2016.

② 卡尔·曼海姆：《重建时代的人与社会：现代社会结构的研究》，张旅平译，三联书店2002年版。

③ Crary, J, *24/7: Late Capitalism and the End of Sleep*, London and New York: Verso, 2013.

④ 安东尼·吉登斯：《现代性的后果》，田禾译，译林出版社2011年版。

(Stiegler)所言，这种转变令城市生活所有方面都有可能被作为经济生产的基本元素重新安排①。这种安排秩序中，城市本地的历史文化符号、数字网络媒介技术和城市地理空间的意义都缩减为被资本权力利用以提高监测控制效率、增加信息传输精准程度的手段和工具。想象媒介技术和规划城市生活的方式也多被精确度、覆盖面、速度和效率等概念主导：空白、模糊和迟延成了媒介技术和城市规划要克服的障碍。遵循数字网络时代超工业主义的逻辑，7天24小时全面无遗漏的实时监测，完整到每个细节的规划设计，基于理性计算预测规避各种不确定性，以及对市民主体自发性的无视成了城市规划实践背后常见的理念和意识形态②。一旦这种工业化的技术安排被奉为理所当然，人与技术、人与他者、市民与城市间原本存在的诸多其他可能性皆被遮蔽起来。城市的生命力因此枯竭。在城市本身遭到破坏的同时，如何面对城市社会激增的复杂性和不断涌现的差异性却变得愈发举足轻重③。

麦夸尔教授指出，目前甚为流行的“智慧城市”话语即超工业化安排的代表。以“智慧城市”为典型的城市规划话语实践了关于控制城市的幻想，却忽视了城市生活本身具有的复杂性。智慧城市能通过多种数字网络不断地提供城市中人、财、物流动的数据④。对城市生活主要方面实时全面的数据化带来不间断的全面追踪、不断增强的监测管控以及对未来更强大的预测能力。为此目的，智慧城市规划需利用数字网络技术管理规训并刻意消除城市公共生活中的不完整性、不确定性和市民生活实践中自发的主体性——那些成了“智慧城市”想象中给管理者造成不便的“噪声”。“智慧城市”建设背后的观念压制了关于城市未来可选项的有益对话。雷姆·库哈

① Stiegler, Bernard, *The Decadence of Industrial Democracies. Vol. 1: Disbelief and Discredit*, trans. D. Ross and S. Arnold, Cambridge: Polity, 2011.

② Townsend, A., *Smart Cities: Big Data, Civic Hackers and the Quest for A New Utopia*, New York: Norton, 2013.

③ Lefebvre, Henri, “The right to the city”, in Kofman & E. Lebas (eds.), *Writings on Cities*, Oxford: Blackwell, 1996, p.129.

④ Batty, M., Axhausen, K. W., Giannotti, F., Pozdnoukhov, A., Bazzani, A., Wachowicz, M., Quzounis, G., & Portugali, Y., “Smart cities of the future”, *European Physical Journal Special Topics*, 2012, 214, pp.481-518.

斯(Rem Koolhaas)认为,智慧城市观念的流行恰恰表征了对现代城市想象的贫乏①。萨森(Sassen)认为,智慧城市的计划过多地将数字技术用作增强中心控制和管理的工具②。城市变得越"智慧",生活在其中的市民却可能对自己越不满,并丧失对集体未来的信仰。麦夸尔教授在书中更是认为,市民对自我的不满和信仰的丧失反过来又加剧从众心理,形成了城市公共生活不断堕落的恶性循环。而全书提问的出发点就是"地理媒介"作为新的媒介形态能否有效地打破这种可能带来城市公共生活全面堕落和文明退化的恶性循环。全球网络化时代,无论是提出问题或对问题的回答都很大程度上决定了全球人类集体的未来。

可能性:地理媒介带来的其他选择

针对(或说循着)提出的问题,麦夸尔用多琳·马西③看待城市的框架来观察媒介技术给城市带来的变化。马西在《城市世界》一书中指出:"城市处于一种模糊不清的状态。城市这种模糊性,这种可能性与问题并存的状态会一直贯穿本书。"稍加改动,媒介技术可能性与问题并存的暧昧同样也贯穿了麦夸尔的《地理媒介》。数字网络技术或可招致的堕落可能仍需由技术来救赎。远程通信技术一方面被学者视为对现代民主的重大威胁,另一方面也被视为创造新的社会关系和(新的)民主和平的唯一可能④。麦夸尔教授就是从这个立场出发强调了"媒介"转变为"地理媒介"的过程给城市公共生活带来的多重可能性,并在书中大声疾呼"数字媒介的传播潜力在目前被极大地浪费了"。

数字网络媒介传播方面的潜力集中表现为地理媒介在重造城市公共空

① Koolhaas, Rem, 'My thoughts on the smart city', Talk given at the High Level Group Meeting on Smart Cities, Brussels, 24 Sept. 2014, Transcript at https://ec.europa.eu/commission-2010-2014//kroes/en/content/my-thoughts-on-smart-city-rem-koolhaas.

② Sassen, S., "The global street: Making the political", *Globalization*, 2011, 8(5), pp. 573-579.

③ 多琳·马西、约翰·艾伦、史蒂夫·派尔:《城市世界》,杨聪婷等译,华中科技大学出版社2016年版。

④ Stiegler, Bernard, "Telecracy against democracy", Cultural Politics, 6(2), pp.171-180.

间方面的多重可能性。公共空间是城市中不同个人有限在场之间进行彼此显露的所在。雅各布斯在《美国大城市的死与生》中认为，健康有益的城市公共空间需在市民个人隐私的安全边界和松散的社会接触间达成动态平衡，这种平衡的持续能促进公共信任的形成①。而媒介技术迅速以各种新形态（如大屏幕、墙面灯光秀等）嵌入城市已有的地理空间，在由逻辑算法关联起来的地点间重新安置了非具身性的碎片化主体。这种嵌入和安置将媒介技术原本对交往的时空设置叠加糅合到广场、公园、步道等那些本就设定市民聚散流动的时空安排之上。这种叠加混杂是生成性的。地理与媒介的“联姻”改变了城市公共空间中公共交往的形态，创造出身体“集体在场”的新城市体验，也重新划定了个人边界与松散接触间的平衡点。作为后果，公共与私密、中介互动与面对面交往、生人与熟人等城市社会生活中最基本的范畴随之发生了松动。

与技术（反）乌托邦观点不同，麦夸尔从这种松动中敏感地意识到城市公共空间除了被商业和政治裹挟外，还能成为市民培养和试验新型社会交往技能的场所。地理媒介为市民在城市公共空间中以实验精神积极探索体验新的社会互动形态创造了可能。但仅具备媒介技术条件并不足以实现可能。麦夸尔教授强调，为了培育市民的实验精神，网络化的城市公共空间需充分“留白”。与“智慧城市”的设计理念不同，城市在规划设计过程中要对不完整性、市民的自发性和不确定性的涌现作有意的保留和鼓励。按萨森所说，城市要在充分认可“不完整性”本身的价值后，利用设计规划，鼓励居民通过本土实践来将信息传播技术城市化。这种对“不完整性”的保留能有效地包容市民日常交往中的实验性创造，并推动差异化行动主体在参与式公共空间中尝试多样化的合作共处。麦夸尔教授认为，这种对实验精神的包容可以在网络化城市公共空间中培养市民与“地理媒介”技术相匹配的社会技能。不断获取和实践更新的社会交往技能是人们作为“网络化市民”存在并实现自己对城市权利不可或缺的前提条件。

---

① Jane Jacobs, *The Death and Life of Great American Cities*, Randon House Trade Publishing, 1961.

麦夸尔教授的研究不止步于理论,更实际实施了包括城市广场大屏幕互动、光柱墙面投影和大屏幕跨国舞蹈教学等多场城市公共空间的数字艺术实验。实验从理论上支持了探索性艺术实践对市民探索精神和社会技能培育的促进作用。艺术实践的实验性具身方法通常探讨政治和商业力量鲜有涉足的互动维度,这为城市交往摆脱政治或资本逻辑提供了沃土。开放的艺术实践将城市生活所有交往关系作为审美对象加以重新审视①。媒介技术、具身行动和城市地理元素的深度融合共同造就了"成为公共"(becoming public)的体验——打开城市生活的审美维度同时推动了"成为公共"的过程。经由市民的艺术实践,城市本身成了始终"有待完成"的艺术作品。城市中的社会关系和权力权威不再仅仅依据植根于城市空间结构的生活形态。权力与社会关系更直接地被转化为具有时间性的"传播"过程。在探索习得新的交往技能过程中,市民们创造出新的关联,打开原本被封闭的通路,并将现实中孤立的不同层次重又连接起来,化为城市创造力和生命力新的源泉。恢复城市生活的生命力和激情重又成为可能。对此,麦夸尔教授描绘,在松散但充满各种激进不完整性的城市时空中,市民作为生活艺术家栖息(inhabit)其中,积极地实践更为圆满和充满激情的生活。城市生活实践过程中涌现出来那些让人激动的创造性和不确定性,为人们驱散现代城市喧嚣繁忙过后的绝望平庸和无趣提供了不断更新的可能。

《地理媒介》全书架构与可能性的实现

从问题入手到通过实证研究凸显技术和城市"交集"中涌现出的多种可能,麦夸尔教授所著的《地理媒介》一书就如何看待城市与媒介,如何看待数字媒介的暧昧性,以及通过什么途径恢复市民与城市之间的多重可能性等议题提出了自己的创见。全书既分析阐明了城市传播在数媒时代的变化,更着力通过"地理媒介"的概念颠覆了经典传播理论的预设"再现"理论。

---

① Bourriaud, N., *Relational Aesthetics*, trans. S. Pleasance, F. Woods with M. Copeland, Dijon: Les presses du reel, 2002.

这种颠覆体现了作者的尖锐的问题意识、对现有媒介研究理论脉络的深切把握和对技术复杂性的高度敏感。作为从城市新媒体入手反思传播理论和传播研究的新媒体专著，本书为传播学理论的范式创新指明了发展方向。

就整书架构看，《地理媒介》首先解析了从“媒介”到“地理媒介”的转变过程，分析了“地理媒介”的传播特点，以及这种转变对城市公共空间的意义。然后，作者开章明义，强调突出了市民对城市的权利、城市公共空间的历史变迁和智慧城市话语对城市公共空间的理解。在建构起全书理论分析的框架后，《地理媒介》具体分析了不同的实证案例。第二章“谷歌城市”通过谷歌街景考察城市数字平台的意义。作者将“谷歌街景”视为城市形象中介化的新形态，将其重要性与谷歌整体的商业策略联系起来加以观察。通过将智慧城市的广义逻辑与谷歌街景联系起来，作者提出，数字存档新的操作方式很大程度上决定了当前人们如何利用社会实践和政治想象来重新定义城市本身。第三章“参与式公共空间”提出人们或可倒转那些利用大规模监视手段的媒体实践。章节开门见山地提出需对当下关于“公共参与”的话语修辞进行批判性分析。该章聚焦公共空间中的数字艺术实践，探索数字网络环境中不断涌现出来的公共交往形态。通过回顾艺术实践中“情境”观念的发展历史，并将其与当代艺术的“社会转型”关联，作者试图深入理解公共媒体艺术如何促进了人们对城市公共空间的“挪用”。第四章“城市屏幕和城市媒介事件”则集中考察了当下城市公共空间中借由公共屏幕技术产生的社会交往。通过对公共空间中不同类型大屏幕的实证研究，作者提出“城市媒介事件”模型。结合第二代城市屏幕在特定情境中的集体互动实践，作者指出，类似实践有潜力创造出新的公民参与模式，并提供独特的跨国沟通经验。整书收尾“重构公共空间”一章致力于总结前文个案分析对城市公共空间研究的理论意义。作者强调，地理媒介和城市公共空间的纽带在当下已成为重新理解媒介技术的关键。通过基于地理媒介技术的城市公共交往，市民或能更好地认识在面对面即时的社会关系中被技术中介化的多重时间性，更确实地接受城市高度的差异性和不断提速的流动性，并以不同方式掌握网络城市中与他者合作共处的社会技能。

从全书架构看，未来的研究似乎应该在技术的多重可能性得到学理脉络和实证实验的双重支持之后,更进一步探究在特定的城市文化环境中,在彼此迥异的政治经济架构中如何将城市生活转变成艺术探索的实践领域。麦夸尔教授有次与笔者聊天时曾无意提起本书研究过程中安排任何一次大屏幕实验,尤其是在异质文化中安排这样大规模的数字媒介艺术实验都是困难重重的妥协过程。接下来的问题是从理念上将日常生活艺术实验化的同时,如何克服现实城市环境中的种种阻碍,以便将数字艺术的社会实验日常生活化。生活的艺术化和艺术的生活化构成了不可分割的辩证统一。我们是否能够认识到麦夸尔教授全书缘起的问题意识,更重要的是,读者多大程度上能在日常媒介实践、城市规划和各类公共交往中践行《地理媒介》中对城市以及对媒介理论传统范式的深刻反思,决定了城市和市民在未来的集体命运。

致 谢

著书如同行路,作者形影相吊踏上漫漫长路,却总能于沿途收获诸多同道的陪伴和支持。本书成书过程中也得益于与世界各地学者同道的分享。其中,我尤其感谢墨尔本大学媒介与传播专业和公共文化研究中心的同事,以及近年来本人指导的博士生和诸多参与"媒介融合与数字文化"课程的硕士生,和你们的讨论帮助我形成了思路。同时,我也感谢安特卫普大学的保罗·法维罗(Paolo Favero)让我在接近书稿完成时能有机会访问他们的学校。我还需感谢斯特列尔卡学院(Strelka Institute)和莫斯科市邀请我参加2014年莫斯科城市论坛并陈述本书的部分内容。此外,我还需感谢艾伦·卡梅伦(Allan Cameron)和卢克·古德斯(Luke Goodes)于2014年邀请我前往奥克兰大学参加主题为"无处不在的媒介:空间、地方与网络"的学术会议。同样感谢凯伦·贝克尔(Karen Becker)在2014年邀请我去斯德哥尔摩参加题为"超越框架:数字多样化时代视觉传播的未来"的学术会议;帕特里克·斯文森(Patrik Svensson)在2014年邀请我访问了犹米娅大学(Umea University)的HUMlab-X实验室;海洛薇兹·佩特(Heloisa Pait)于2013年邀请我去圣保罗和包鲁(Bauru)做了多场学术演讲;维姬·史密斯(Vicki Smith)和她在新西兰数字艺术(Aotearoa Digital Arts)的同事在2013年热情地邀请我参加了在达尼丁(Dunedin)举办的题为"网状城市"的研讨;塞哈·里德尔(Seija Ridell)及她的同事在2013年邀请我参加了在赫尔辛基举办的学术会议;贾斯汀·奥康纳(Justin O'Connor)和王杰(Wang Jie)于2011年和2012年邀请我访问了上海交通大学;维多利亚·林恩(Victoria Lynn)邀请我在2010年在阿德莱德艺术家周(Adelaide Festival Artists' Week)进行演讲;还有金史密斯(Goldsmiths)的约翰·哈特尼克(John Hutnyk)邀请我第一次就本书中关于谷歌街景的部分做了公开演讲。

此外,我还要感谢不少机构的支持。感谢墨尔本网络社会研究所的支持和澳大利亚研究委员会通过“大屏幕与跨国公共领域”和“对城市的权利：参与式公共空间”两个项目对我提供的财务支持。墨尔本大学在2015年给我的带薪学术假使我能顺利完成此书。

就个人而言，我要感谢参与“大屏幕与跨国公共领域”项目的同事们，包括：余燕珊（Audrey Yue）、罗斯·吉布森（Ross Gibson）、肖恩·库比特（Sean Cubitt）、塞西莉亚·科姆莱斯基（Cecelia Cmielewski）、梅瑞迪斯·马丁（Meredith Martin）、阿米莉娅·巴瑞金（Amelia Barikin）、邢谷（Xing Gu）和马特·琼斯（Matt Jones）。另外，感谢丹尼·巴特（Danny Butt）、戴尔·利奥克（Dale Leorke）和丹尼尔·怀亚特（Danielle Wyatt）参与了“参与式公共空间”项目的研究。最后，我的挚友尼科斯·帕帕斯特吉迪斯（Nikos Papastergiadis）参与了本书所有项目的研究。感激不尽！

我还要感谢我的大家庭，尤其是我的伴侣莎拉（Sarah）以及我们的儿子拉奇（Lachie）和阿里斯泰尔（Alistair）。感谢你们在生活中支持本书的创作过程，并让我的生活充满乐趣！

最后，我想郑重地将此书献给我的姐姐丽莎（Lisa），她在空间设计上的创造能力和热情一贯以来是我灵感的来源。

前　言

从媒介到地理媒介

在不到两个世纪的时间里，城市已从“特殊”之处变成全球社会生活最为主要的场景。直到1900年，英国仍旧是当时全球唯一城市人口占据多数的国家。到2007年，世界上大多数人口都居住在城市中，而且据估算该数字还在迅速增长（United Nations，2014：7）。这一变动表面上的连续性遮蔽了诸多的转型。不仅是城市主义的尺度和规模大大扩大，而且城市生活也已出现了新的动态：文化多样性相比过去远远扩大，地区与跨国间出现了各种新模式的移动，发展更有可持续性的城市生活形态的压力也不断增长。若将当代城市作为目的尚不确定的社会实验，这日常生活的实验并无任何“安全网”作为托底保障。

本书聚焦于网络数字媒介在城市空间中的扩张。网络数字媒介在城市空间中的扩张构成了21世纪城市体验与早先城市居住模式之间最为主要的差异。从使用位置数据的智能手机到城市中心的各类LED屏幕，各种新传播技术以新的方式将媒介空间化之后，构成了当代城市有机的组成部分。这正是我试图通过考察媒介向地理媒介的转型来加以把握的变化。由此视角出发，我着手探索城市公共空间的未来。

地理媒介的概念由四个彼此关联的维度交叉构成：融合，无处不在，位置感知和实时反馈。我从无处不在开始，逐一作简单阐释。在20世纪的大部分时间里，人们接触媒介的方式受到当时技术范式的限制：回过头看，至少可以用稀缺性和固着性来描述当时技术范式的主要特征。换而言之，人们不得不移动到特定场合以便收听收看媒介内容，或经由媒介被连入网络。打电话的行为将处在不同地点的电话硬件连接起来。为了看电影，你需要移动到电影院这样专门的观看场景。看电视的行为主要发生在家庭中的起居室内。直至20世纪80年代个人电脑刚开始普及时，情形也如出一辙：电脑主要被安置在家里或办公室的桌面上。虽然以上这些不同的媒介平台深深卷入了定义现代性的那些深刻的时空经验转型过程中（McQuire，1998），然而直到20世纪90年代，所谓的“媒介”仍被局限在城市内部相对受到限制的一系列地点场景。除了报纸、广告牌和无线电收音机等一些例外，我们可以认为，媒介虽然构成了公共文化的组成部分，却一般来说未能真正进入城市的公共空间。

这一情况如今已经发生了决定性的变化。移动和植入式媒介设备连同被扩展后的各类数字网络，将城市重造为媒介内容与网络连接“无处不在、无时不在”的媒介空间。[1]如果这样的状况长期以来曾令人向往，并至今多少仍是人们的梦想（事实上城市中还有许多网络功能不好，甚至连接不到的黑点或无网空间），那么无处不在、无时不在的特征如今已使媒介成为城市日常生活中越来越重要的部分。虽然固定的媒介平台现在显然也并未全然销声匿迹，但它们在当下作为与更广义的各种媒介流发生关联的网络节点而发挥功能。“看电视”仍旧能够指涉那种在起居室环境中的家庭体验，与20世纪50年代黄金时代的情形一脉相承。但“看电视”如今也可以指在公车上通过手机屏幕观看网络视频，或者在公园里用Wi-Fi联网的笔记本电脑收看视频，或者在城市中心公共空间中永久性的大型屏幕上观看各种节目。

在上述背景中，我想强调的关键点在于无处不在并不仅仅指人们获得了在新的地点做同样事情的能力（例如在各种空间看电视的可能），而是关涉社会实践更深刻的变迁。20世纪50年代时，人们面对电视对社会和文化生活的入侵，提出“拒绝看电视”。但不看电视的鸵鸟策略罔顾了电视如何被编织到社会政治逻辑整体的调整变化过程中，并非正确的对策。电视不只改变了公共空间和政治生活，也使得原本适应大众营销的工业化生产直接“侵入”个体消费者的家庭生活。如此深远的影响仅靠关上电视怕是无法拒之门外。

同样，数字媒介无处不在的特性也正改变着城市的社会空间——这种复杂的改变不只是增加了个人用户的选择。若传播总是场景性的，那么新媒体技术提供了改变“场景”时空维度的方法。无处不在的数字媒介将这种变化扩展到社会生活的各个方面。结果,建构城市边界的传统方法(比如城市的基础设施和硬件设施)对当下城市社会交往的影响越来越小。取而代之,分散反复且牵涉全球的传播实践催生出新的交往关系,而新的交往关系深刻地重塑了社会交往的整体过程。

推动传统媒体向地理媒介转型的第二个动因是“位置”在媒介设备功能、“内容”获取和传播上发挥了更重要的作用。与无处不在一样,这也是个相对新近的变化。地理信息系统(Geographic Information System, GIS)在20世纪60年代就已经出现,但直到2000年5月美国克林顿政府批准了GPS数据大规模的民用,一大波新的媒介设备、服务和应用实践才得以迅速地涌现出来。[2]在2007年,苹果手机的发布使得大量的地理位置的商业服务代替了早先艺术家们围绕“位置媒介”的种种实验艺术而成为主流。

像智能手机和平板电脑这样的位置感知设备现在整合了不同的系统,包含地理编码数据、GIS软件和GPS位置跟踪服务等。这些系统的集合使得设备能根据位置定制化分析关系数据,并选择与特定位置最为相关的信息进行传输。如此“位置化”的信息在城市空间中支持并实现了各种新的社会实践和商业逻辑。当千万个人每日在城市中的移动轨迹被数字媒介记录下来,位置感知在城市体验中就获得了新的重要性。如麦卡洛(McCullough)所说,“随着定位系统的普及,所有携带此系统的个人都成为活的光标,城市规划也随之成为有生命力的活界面”(2004: 88)。当谷歌在2010年将地理信息整合到网络搜索,位置感知服务不仅成为数字媒介最有活力和最为迅速的增长点,而且也成为更宽泛的各种商业策略的关键。[3]与地理媒介无处不在的特点相结合,位置感知媒介将个人用户在城市环境中自由的活动与大规模数据分析及位置追踪功能结合起来,形成了新的城市逻辑。

地理媒介的第三个特点是数字网络目前呈现出的“实时性”。这与传统的电子媒介能够同时向大量受众播报新闻事件并不是一个意思,后者和广播媒体已经存在了超过一个世纪,并形成了由电视直播支持的“媒介事件”(Dayan & Katz, 1992)。现在,情况发生了重要的变化。数字网络分散的架构使得多人对多人（many-to-many）实时的反馈回环成为可能，提供了新的社会共时性体验。我在第一章中将描绘地理媒介如何改变广播媒介事件的基本属性，于事件发展过程中在各种行为主体间创造出新的协调和传播形态。

正如维里利奥（Virilio，1997）所说，"实时"媒介带来的并不仅仅是技术层面的变化，更重要的是牵涉社会时空关系的重新组合。[4]与此相应，我在地理媒介的研究中思考的重要环节就是考察当下的变化如何削弱了传统的媒介研究中"反映论"范式的解释力。反映论范式可以溯源到柏拉图：实际事件总是先行发生，然后媒介通过符号化或象征手段反映实际状况。[5]据柏拉图式的逻辑，事件本身总是首要且先行的，而媒介反映属于次要的并多在事后发生。自从电视和广播媒体的报道能同时让全国观众共享社会体验开始，这种反映论范式就慢慢失去了解释力。但数字网络技术使实时媒介与事件之间的不确定关系在当下获得了新的重要性，实时反馈全面渗透到日常生活的缝隙之中并使之更为多样化。

地理媒介的第四个维度是融合。人们常按照技术逻辑将融合定义为广播系统、计算系统和远程通信系统在数字技术环境中的整合。但融合的逻辑同样涉及对商业机构、社会体制、管理规范乃至各种社会政治和文化实践的再造。我所指的融合兼顾"传统"媒体的转型和"新兴"媒体的涌现。我用"地理媒介"概念指涉由异质化的各种技术（设备、平台、屏幕、操作系统、程序和网络等）构成的新的媒介景观。如果说融合打破了摄影和广播等传统媒体和数字远程通信间的界线，这不只是因为传统媒体越来越多具备计算能力并日益网络化，更是因为信息通信技术（ICTs）也正变得越来越媒介化。在此背景下，"照相机""电话""计算机"与"电视"之间的历史差异不复存在。用"地理媒介"来命名这种新的状况就是为了突出当下社会交往过程中"中介"（media）与"直接"（immediacy）之间日益复杂的关系。

总而言之，地理媒介并非指新的技术设备出现（如"移动媒体"），也非仅指单个功能产生的效果（如定位媒体的地理位置功能）。我希望能对媒介进入21世纪时独特的状况做理论化探索。这种新的状况受到前文描述的包括无处不在、位置感知、实时和融合四类过程的共同影响，充满了深刻的悖论。

媒介以前所未有的速度和广度将全球连接起来。日常互动以极小的成本即能产生全球效应。数字媒介成为强大的“时空机器”，极大地扩展了人类的感官、社会组织和文化规范。20 世纪五六十年代，哈罗德·英尼斯(Harold Innis)和马歇尔·麦克卢汉(Marshall McLuhan)最早分析了媒介技术在这方面的能力。媒介跨越空间距离和压缩时间的能力滋养了人们最终克服物质局限的迷梦，例如 90 年代关于赛博空间的讨论(参见 Dyson et al., 1994)。但这种分析的片面和局限在目前越发明显。数字媒介越来越变得个人化并被植入现有的生活环境：媒介技术常被用于激活本地场景并与特定地点建立连接。换而言之，数字媒介既帮助人们从“地点”解放出来，又成为如今地点制造的重要形式。通过地理媒介的概念，我恰恰希望能体现出这种连接/断裂、本地化/去地化、本地/全球以及直接/中介之间充满悖论的辩证关联。地理媒介构成的公共空间影响了我们如何认识并行使自己“对城市的权利”，如何建构日常的社会交往，如何体验诸如远与近、在场与缺席之间的各种复杂关系。

数字的暧昧

从媒介到地理媒介的转变牵扯到关于媒介、城市和社会生活的多种讨论。媒介技术在城市中的“位置”变化意味着对媒介和城市空间的体验出现了新的动态。多样化并且经常彼此矛盾的力量同时发挥作用，使当下的变化既影响深远而其结果又难以捉摸。

事实上，当下最为突出的是对数字未来的分析呈现出复杂多变和极端化趋势。去中心的传播平台以及基于同伴交流和网络化合作的传播实践在当前的城市中以各种形态出现。数字网络的分散特点意味着可以获取并整合多重的信息输入，这使得城市居民可以重新定义城市空间的文化氛围，“参与式公共空间”的理想在实践中显得更为重要。但基于同伴交流的实践而产生的“生成性”(generativity)，伴随着技术在收集、归档、聚合和分析数据能力方面极大增强。基于位置的网络搜索服务、标注地理位置的社交媒体发布、移动手机信号、感应网络和城市交通智能卡与传统的监视摄像头和信用卡等技术，共同生产出新的城市沟通基础设施。与原来相比，现在的沟通基础设施可以更快更准确地在移动的主体和他们独特的城市日常行为间建立起反馈回环。当非常多的行为都会留下数字轨迹并且交易成本跌到历史最低点的时候，那种赋予现代城市公共文化以活力的匿名性却有可能消失不见。随着存储、处理和获取大量数据变得越来越迅速、廉价，城市治理中数据使用的逻辑也发生了相应变化。那些基于过去已经发生的情况而制定的公共政策，正被指向预测未来的政策所替代。

数据浸润的城市空间是萨斯基亚·萨森(Saskia Sassen, 2011a,2011b)所说的“开源城市”的先决条件：开源城市中，居民与城市之间的反馈回环更加多样化、水平化和频繁实时。但萨森(2011a)也警告我们，“智慧城市”的建设计划可能会退化为技术官僚们希望的“完全被管理的空间”。那样的话，开源城市创新的真正力量或可被吉勒斯·德勒兹(Gilles Deleuze, 1992)描绘的“控制社会”所掠夺。福柯(Foucault)描画的通过分裂隔离和物理限制形成的规训体制，逐渐被无处不在的数字化重组所替代。新的公民参与模式和自我组织形态与其边缘化的可能性之间充满着张力，不断地进行重新界定。这构成了新的技术控制形态以及当前数字的暧昧。我急于说明的是，这不能通过有意识的理性选择行为来解决，我们不能简单地作出选择。数字的暧昧不仅仅指自由的言辞话语总是掩盖着新的控制逻辑(Chun, 2006)，更为关键的是斯蒂芬·格雷厄姆(Stephen Graham)所说的“对抗性地理”(countergeographies)常常依赖那些同时可以被用于实现控制管理的数字工具：

> 那些支持对抗性地理的新兴的公共领域必然超越距离和差异，以促成合作和连接。他们必须把那些军方和国家用于在各处建立边界的技术进行转化，产生出新的公众(public)，并创造出对抗性地理的空间(2010：350)。

这种数字的暧昧决定了我们在未来希望居住在怎样的城市(智慧城市、

媒介城市或感觉城市)注定不是一个简单的问题。我们该如何创造出新的规范、实践和平台来充分利用数字基础设施带来的红利,同时又为可能建立新的城市民主的分散性的沟通能力留下足够的空间?若对此问题的回答集中在对大规模媒介平台的角色和对智慧城市方案的争论上,那么也与我们是否有能力集体想象并实现媒介与公共空间之间新的关联密切相关。

公共空间与“共同性”

2011年我刚开始写这本书时,多样化的公民群体占据了世界上主要的公共空间,包括开罗的解放广场(Tahrir Square)和纽约的汤普金斯广场(Tompkins Square)等地方。像“阿拉伯之春”和“占领华尔街”这样的事件各有不同的政治背景和利益主体,不可以简单地将其归为一类。但这些事件确实有两点意义与本书的研究紧密相关。第一,占用公共空间仍旧是当下政治行动的重要形态。第二,如今“占领”城市空间的形态与早先“接管”(take over)城市的方式相比已发生了重要的变化。我们该如何理解这种新的局面呢?

如伯纳德·斯蒂格勒(Bernard Stiegler)所说,共同性是“所有公共空间存在的条件”(2011: 151)。但这样的共同性并非简单的关系。大卫·哈维(David Harvey)提出,公共空间总是充满了各种争议和竞争,并不全然等于“共同之地”(2012: 72-73)。公共空间依赖国家权力,并与资本主义城市化过程和基于阶级分层的居住实践紧密勾连。哈维认为:

> 城市只要有阶级斗争的地点,政府就常常被迫向城市中的无产阶级提供公共福利(如公共住房、健康、教育、街道建设、卫生和供水)。这些公共空间与公共福利增强了共同体的质量,同时也要求市民采取行动,充分利用公共空间(2012: 72-73)。

哈维指出,公共空间所具备的很多特质既不由上级给予,也无法一劳永逸,而是要通过不断的竞争来形成。将斯蒂格勒的说法反转过来,我们可以认为，公共空间的命运体现了我们如何对待共同体。实际上，半个世纪以前列斐伏尔（Lefebvre）就说过类似的话："一个政权的民主特质可以从它对城市、城市自由、城市现实和人群隔离的态度中看出来。"（1996：141）

在过去20年中，围绕城市空间和城市自由的斗争变得比以往更为引人注目，也更为重要。帕斯克（Pask）提出：

> 对报纸报道中以"公共空间"为关键词进行搜索可以发现，从20世纪90年代中期开始，这个词出现的频率出现了跳跃式的增长。具体的细节各有不同但涉及主题却大体类似：公民群体，草根组织，甚至是本地政府通过夺回被挪用的城市空间，通过给予已有空间新的活力来创造出新的公共空间（Hou，2010：227）。

这一情形毫无疑问地反映了公共空间面临的深刻挑战：新自由主义城市发展的条件中，原本的公共空间形式被市场规训并被私有化。帕斯克补充说，"'公共空间'现在成了各种运动和社会行动主义战略性的推动力量"（Hou，2010：231）。齐格蒙特·鲍曼（Zygmunt Bauman）等人也是这样的看法。鲍曼提出，"城市生活的未来在公共空间中……在此刻被决定了"（2005：77）。萨森认为，"公共空间的问题能给予无力者以言辞和切实可行的机遇"（2011c：579）。

然而公共空间在当代对于权力和城市生活的战略重要性不只是对原来公共空间问题"新瓶装旧酒"。共同性概念在当下的历史变化也推动了目前对公共空间的重视。在《大同世界》（*Commonwealth*，2009）一书中，哈特（Hardt）和奈格里（Negri）提出，生产不再是基于共同的自然（自然的共同性），而是越来越取决于语言、图像、知识、情感、习惯、规范和实践等"人造的共同性"。作为结果，城市替代了自然成为生物政治性生产行为的基础：

> 考虑到生物政治性生产的霸权，经济生产的空间与城市空间重叠起来。再也没有工厂围墙来隔离两者，而且外在性（externalities）不再外在于生产场所，也不再增加生产场所的价值。工人们在城市的各个

角落中从事生产活动。事实上，共同性的生产正在成为城市生活本身(Hardt & Negri, 2009: 251)。

这并不意味着原来的"自然"不复存在或不再重要。实际上，哈特和奈格里所谓的生物政治性生产恰恰意味着知识与经济间的关系发生了历史性转变。这种转变也被人称为后工业社会、信息社会、知识社会、信息资本主义和传播资本主义等等。随着信息产品的生产超过了其他形式的生产，对媒介平台、网络规范和知识产权(版权、商标权和特许权等)的控制对经济运作变得至关重要。同时，作为这一过程的有机组成，语言、图像、情感、习惯和传播实践等"人造的共同性"成了需要加以着力培养和利用的对象。如我在第二章所述，那些支持"人造的共同性"的社会生活的日常行为受到了城市公共空间中地理媒介商业逻辑的影响。在第三、四两章，我将说明地理媒介同时也有潜力将城市再造为社会空间。

随着各种数字平台对于我们如何在城市中徜徉并与他人交往变得越来越举足轻重，哪种模式能更好地将网络化公共空间理论化？在这样的环境中有哪些主体和力量在发挥作用？这些看上去彼此矛盾的趋势构成了本书研究错综复杂的背景：公共空间一方面对共同体的形成至关重要，另一方面也是进入新的市场动态和盈余分配策略的关键门径。

本书的结构

我对地理媒介的分析由三个章节的案例分析构成。"谷歌城市"(第二章)通过"谷歌街景"考察城市数字平台的意义。以街景作为城市形象独特的形态开篇，第二章将其重要性与谷歌整体的商业策略联系起来。笔者提出城市形象对于地图绘制的重要意义，而地图绘制对于数字经济的重要性取决于数字形象和数字存档功能的增强。通过将智慧城市的广义逻辑与街景联系起来，我进一步提出，数字存档新的操作方式很大程度上决定了当前人们如何利用社会实践和政治想象来重新定义城市。"参与式公共空间"(第三章)提出，我们或可倒转那些利用大规模监视手段的实践。章节开始提出，需要对当下关于“参与”的话语修辞进行批判性分析。该章节聚焦当下公共空间中的数字艺术实践，以探索社会技术网络环境中涌现出来的新形态的公共交往。通过回顾艺术实践中“情境”的发展历史，并将其与当代艺术的“社会转型”关联起来，笔者试图更深入地理解公共媒介艺术如何促进人们对城市公共空间的利用。

第四章“城市屏幕和城市媒介事件”考察了当下公共空间中的交往。通过对公共空间中大屏幕的实证研究，我提出“城市媒介事件”模型：基于第二代城市屏幕在特定情境中的集体传播实践。我们重新审视公共领域与公共空间之间的关联。我进一步指出，类似实践有潜力发展出新的公民参与模式，并提供独特的跨国传播经验。

以上各章选择的案例分别针对地理媒介不同的特点。需要说明的是，这些特点彼此重合、相互关联。本书首尾两章聚焦于这些特点的共同之处。第一章描绘了公共空间和媒介发生的主要变化，这些变化共同产生出网络化的公共空间。我从亨利·列斐伏尔（Henri Lefebvre，1996）的“居民对城市的权利”的观念入手，讨论我们对网络化的城市有哪些权利。然后我们把地理媒介的发展与城市公共空间作为陌生人交往空间的历史地位联系起来。我反思了机构化的城市规划因为无法应对现代城市中各种自发和非正式的传播交往而产生的压力。这些压力在“智慧城市”建设中尤其明显。至于媒介，我考察了公共事件、城市空间与媒介之间复杂的交互作用。这种交互自从20世纪中叶广播电视出现后就已开始。以此为基础，我探讨了最近20年来，城市交往和空间利用方面出现的新形态。在结论部分，我提出地理媒介对于我们如何重新理解“中介”与“直接”之间的关系有重要意义。在第五章，我回到这个主题，集中讨论地理媒介对权力行使以及对人与技术关系所具有的重要意义。

从这个纲要可以看出，关于地理媒介的问题很难被归属到已有的某一个学科中。很多学科对于数字媒介如何影响城市，尤其是如何重造公共空间都有广泛的讨论，包括媒介和文化研究、城市社会学、城市地理、建筑和城市规划、人机互动（HCI）等。但是每个学科都有自己的历史，包括主流研究框架、路径和概念。从特定学科入手就要说明新的现象对学科意味着什么。

我的做法略有不同。我不愿在学科分界线或学科优先度的问题上纠缠不休。相比之下,我对地理媒介与公共空间之间的交集如何产生出新的现象,以及这种现象如何要求理论概念作出新的调整和响应更感兴趣。

最近几年中,人们对城市传播、城市信息学和媒介建筑学等话题都进行了跨学科的考察。[6]对于弥合城市公共空间与公共领域之间的分裂,学者们再次表现出兴趣(Low & Smith, 2006)。与此同时,不少人意图将人机互动的研究从实验室移到城市环境中去。[7]建筑学更为关注短时间内的干预效果和短期居住地,同时对网络数字媒介的社会效果也表现出研究热情。一些媒介学者,包括戈登和席尔瓦(Gordon & de Souza e Silva, 2011)、弗里思(Frith, 2012)、法曼(Farman, 2012)和威尔肯(Wilken, 2014)等人开始探索移动媒介对城市空间的影响。广义的"设计"被提升到"元学科"的位置(McCullough, 2013)。我当然无法涉及所有这些领域,也无法穷尽这些研究资源,但我显然从它们中获取了灵感。在此过程中,我采用了莫利(Morley, 2009)所说的"媒介中心化"的方式来研究媒介。我也试图不通过创造新词来解决"中介"与"直接"之间现有的矛盾关系。斯蒂格勒(2001)认为,通常情况下,试图超越对立矛盾的做法常常反过来加强了这种矛盾。新的概念框架需要根据斯蒂格勒所说的构成法(composition),采用不同的逻辑在已有的概念间探索建立实验性的关系。[8]我希望能以此开始自己的研究。

麦克卢汉说"新媒介"即新的"自然",他是说媒介能够重新架构个人的感觉体验并改变传播作为社会实践的规模和节奏。[9]如今,我们需要回顾麦克卢汉关于媒介生态的洞见。媒介在城市生活的方方面面将我们包围。这种浸入改变了地点、边界与主体间的各种关系。改变的范围包括个人身体的心理听觉空间、家庭的私人空间、民族国家的抽象空间以及正在出现的全球网络。在此背景下,我们要重新发问,"中介"和面对面的"直接"体验是否仍旧像过去一样彼此对立?当下是否如海德格尔(Heidegger, 1971: 165)所说,只有在丧失存在意义上的接近性之后才能理解?或者我们目前是否变得对旧有观念中的矛盾熟视无睹?或许,当下丧失的并非"接近"的可能性,而是原有本体论存在的条件已经发生了变化?基特勒(Kittler,

2009）指出，哲学对于媒介问题的忽视，对于中介化如何构成存在条件的罔顾，这都使得目前对这些问题的回答变得更为复杂。[10]在在场性的形而上学之外，重新反思中介与直接间的关系构成了本书的重点。

最后，我想指出，本书聚焦于地理媒介与城市公共空间之间的交互作用。但这个领域中发生的过程的涟漪作用辐射广泛。面对影响全球的深刻挑战，如何在不同的行为主体间建立起新型的凝聚力变得前所未有的重要。这些行为主体既置身于本地，但其行为影响又扩散至全球。本书的重要论点是，网络化公共空间是孵化和实践社会技术和社会技能最为重要的实验室。为了完成这个复杂的任务，我们需要培养新形态的社会交往、合作行为和传播实践。

1

媒介与公共空间的转型

对网络化城市的权利

在1968年,亨利·列斐伏尔(Henri Lefebvre)从"对城市的权利"入手对城市空间发问。同主流现代城市规划领域自上而下的传统不同,列斐伏尔认为城市居民积极地"利用"环境时空的能力构成了现代民主的关键。列斐伏尔所说的对城市的权利并非明文规定的正式权利条款,而是强调需要城市居民作为居住者(inhabitant)而不仅仅将城市作为容身之所占据(habitat)。列斐伏尔的"利用"(appropriation)概念包含了各种形式的市民行动,这些行动重新创造出日常生活的政治。

列斐伏尔在讨论"对城市的权利"时,宣告"城市死了",这一说法自20世纪60年代以来已经广为人所知。但这并非仅是学者的悲叹。列斐伏尔关注的是工业化过程对于城市形态的影响以及随之产生的都市性的再造(列斐伏尔将城市与都市性区分开来)。列斐伏尔提出,工业化创造了内爆外爆的双重动态:城市中心的空洞化和城市边界的外扩同步发生。"如此情形产生了关键的悖论:城市被破坏的同时,都市性的问题却变得日益严重。"(Lefebvre, 1996: 129)列斐伏尔追随老一辈城市社会学家——如乔治·齐美尔(Georg Simmel)和路易斯·沃思(Louis Wirth)——的足迹,将都市性定义为一种"生活方式"。都市性主要是一种社会复杂性和人们遭遇差异性的方式,它构成了社会生活新的动态面貌。"作为交往偶遇和信息传播的所在,都市成了它一直以来就是的东西:一直在场的欲求,多样化的不平衡,各种常态和局限性的土崩瓦解,充满玩乐精神和不确定性的离散时刻。"(Lefebvre, 1996: 129)

列斐伏尔的著作影响了法国和其他地方整整一代的城市研究者,也对欧洲的城市政策产生了影响。唐·米切尔(Don Mitchell, 2003)和大卫·哈维(David Harvey, 2008, 2012)等学者最近又重提"对城市的权利",提出对城市的权利是“我们最为重要但又常被忽视的权利之一”(2008：23)。我借鉴列斐伏尔的概念，在数字网络不断扩展的情况下重新思考我们对城市的权利。若对城市的权利事关社会交往、传播和城市时空挪用的实践，那么我们应该怎样认识对网络化城市的权利呢？

在本章的各个部分，我希望研究媒介与公共空间的各种转型趋势，正是这些转型结合起来生产出当下的复杂情形。一开始，我将这些变化一一道来，以求说清不同历史脉络和思想路径的发展脉络，但须臾不可忘记的是，这些变化如今越来越紧密地勾连在一起，共同定义当下的城市。在开始时值得注意的是，工业资本主义城市的出现与人们对城市中公共空间的角色和未来所抱有的担心一直共同增长。这种担忧在20世纪晚期尤其强烈，因为许多旧的工业化城市空间的消亡推动了许多城市复兴计划的诞生。在过去20年间，对于城市未来的种种担忧以及重造城市的需求恰与媒介技术向数字融合和计算化的转型同时发生。媒介虽然过去常常被人与城市公共空间的消亡及公共领域的商业化(哈贝马斯[Habermas，1989]称为“再封建化”)联系起来，但如今却成了重造城市的关键力量。正如我前文所述，地理媒介融合了不同的媒介部门，令数字设备和平台无处不在，在日常生活中大量采用了空间数据和基于位置的服务，并且将分散的实时反馈常规化。拥有这些特点的地理媒介成了塑造城市公共空间的重要力量。地理媒介通过改变社会交往的时间节奏和空间设置，已经成为当前公共空间政治的核心。

我们如何理解这种政治呢？一个世纪以前，罗伯特·帕克(Robert Park)认为，制造城市构成了“人们一直以来最为成功的依据自己心意来改变世界的努力”(1967：3)。但人们建构城市作为乌托邦的努力同时也重造了人本身。大卫·哈维去掉了这一说法中的性别偏见，并强化了其政治意味。他提出，“我们想要怎样的城市与我们想要成为怎样的人不可分离”(2012：1)。我在本书中的观点是，“在21世纪，我们如何实现和想象城市的数字化和公共空间的网络化对城市的未来至关重要”。在许多方面，我们如何应对这些变化就决定了我们将成为怎样的人。当然，这并不是说不同城市和社会的未来都殊途同归，但数字化转型是一个关键的转折点。数字化给城市未来提出了一系列意味深长的问题。

随着城市越来越成为媒介密集的空间,界定地理空间和时间节奏的旧有形式,例如边界划定等塑造日常生活的方式都需要作出重要的重新调整。城市公共空间作为城市交往和沟通实践节点的功能正在被新的逻辑全面地改造。同许多人的观点相反,"地点"并未消失。相反,许多特定的场合和实践正从时间与空间维度被重新"打开",并且被新媒体带来的信息记录、归档、分析和获取能力所重构。建立连接的能力被增强之后,社会生活中跨越国家和其他界限的交流获得了新的重要性,同时更多的他者也随之侵入原本守卫森严的地点和本地实践中,生产出各种新的焦虑。地理媒介的概念描绘了这种新的尺度和新的速度观念如何干涉日常生活的各个方面。

地理媒介是否会被用于更严格地监视评估人们日常的社会生活,乃至加强共同、亲密关系和个人隐私的商业化趋势?地理媒介与公共空间之间的交叉是否会成为重造城市生活的驱动力?认为这个问题是非此即彼地在两个反向选项间作出选择就会误导大家。正如我前文所述,当下数字化的悖论就在于看上去彼此矛盾的发展路径却紧密地纠缠在一起。这种暧昧混淆了政治批判中原有的术语。

列斐伏尔认为,城市是遭遇差异性、自发性和玩乐的地方。他指出,城市中的日常生活可以积累对"权威"的抵抗:

> 城市生活可以抵抗来自上级权威的信息、命令和限制。城市利用时空来减弱权威,使之偏离原本目标。城市还能多少改变城市和居住形态。故此,城市是市民们创造的作品总体,而非像一本已经被关闭的书本那样被强加给他们的体系(Lefebvre, 1996: 117)。

今天,城市的日常生活恰恰成为地理媒介发挥作用的领域。在20世纪60年代,列斐伏尔还能够声称"地点、纪念碑和差异的使用(价值)不适用于交换的需求法则(或交换价值)"(1996: 129)。目前,交换法则是否适用的问题变得更为复杂。正如乔纳森·克拉里(Jonathan Crary)所说,现在"日常"正越来越成为充满不确定性的反向实践领域:

> 尽管在历史不同时刻日常生活是反对和抵抗的领域，但日常生活会不断被动地调整和重塑自身来适应各种强加于它的力量。……现在，各种压力都迫使个人重新想象自己，并将自我调整为与去物质化的商品和社会联系具有一样的价值和一致性。人的物化到了这样的程度，个人不得不为自己更好地参与数字环境或响应数字化速度来重新认识自我（2013：69-70，99-100）。

从这个角度看，我们立刻就能注意到列斐伏尔关于“玩乐”（play）的判断中存在不断增长的暧昧，尤其考虑到现在玩乐能够直接生产经济价值。[1]这并不是说要否定玩乐对新的社会关系所具有的支持作用。需要指出的是，对于像玩乐、利用和参与这样的基本概念，都需要进行认真的反思和谨慎的使用。

系统对生活世界（lifeworld）新的殖民化背后，数字技术的发展将原本分开的系统和部分更为紧密地连接整合起来，构成了更为收紧的回路。伯纳德·斯蒂格勒将这个趋势表述为超工业化（hyper-industrialization）的逻辑：

> 高度发达的控制技术从数字化和计算系统中发展出来，并且将全球的消费和生产都融为一体。新的文化产业、编辑和节目制作行业都随之产生。与以往不同，这些行业在技术上由全球数字系统连接到电脑和远程通信系统，并通过他们直接与全球的生产和后勤物流保障系统连接起来（条形码和信用卡使得人们可以跟踪产品和消费者）。所有这些共同构成了超工业化时代：实时的功能（生产），进行超级分割后的各种目标（精确的市场营销，对消费的组织）。精简的生产和零拖延的后勤保障都是超工业时代的主要特点（Bernard Stiegler，2011：5）。

生产、消费、金融、物流与营销之间不断增强的融合也是超工业化的特点。这种融合的逻辑在当下类似苹果 iTunes、阿里巴巴和亚马逊这样的数字平台中得到了集中体现。软件支持的一键购买功能直接把信用卡系统和物流系统(仓储和配送等)、文化实践甚至社会关系连接起来。用户生产的内容,例如产品评价、评论和评级系统在“分享”的名义下加速了交换过程,同时也将社会实践和市场逻辑进行了无缝连接:这些是你的朋友今天做的/喜欢的/阅读的/观看的/购买和收听的。如此看来,数字文化的主要形式与其说代表了新的自由,例如安德森(Anderson, 2006)的长尾理论所说的消费者乌托邦或詹金斯(Jenkins, 2006)给人们刻画的融合媒介平台带来的新的公民参与,还不如说带来了历史上前所未有的“共时化”(synchronization)力量。

对于斯蒂格勒而言,现代资本主义虽然释放出巨大的生产力,但却没有能够生产出有利于自身更新的条件,这成了新的共时性过程中重要的推动力量。事实上,资本主义在这方面的失败与各种技术快速发展带来的长期不稳定性紧密联系在一起。技术进步借助不断的创新缩短了生产周期并使产品不断地过时。斯蒂格勒认为,“超工业化”资本主义让资本主义原本的政治象征领域发生了解体:民族国家和关于统一民族文化的迷思主导了原来的政治象征系统。然而,能够代替国家治理的其他价值信仰却迟迟没有出现。替代价值信仰的缺席加上民族国家想象背后同质化的文化共同性导致了消费逻辑“乘虚而入”,全面入侵社会生活。斯蒂格勒认为,我们没有重新思考民族国家认同的局限性以及全球生产体系中蕴含的不平等。相反,我们失去了对未来的信仰,开始堕落。面对像气候变化、资源不平等等全球性的挑战,大家都意识到系统性变化的必要性,但与此同时大家又丧失了做出有意义行为的能力。

在这样的局面下,数字媒介的传播资源被极大地浪费了:数字媒介多用于数据搜集和用户分析等工具化用途,主要被市场营销和安全行业利用。当消费成了对个性的消费,那么文化就直接被整合到消费体系中去了。文化被转变成生产数据以了解消费者并进行精准传播的手段。问题是,这种越来越强烈的导向性可能遮蔽了与传播、与技术、与其他人、与在世存有之间其他关系存在的可能。

过度依赖商品消费作为“美好生活”甚至是个人价值的衡量标准,使得社会进步必要的欲望和信仰不再发挥作用。这不仅破坏了我们与自身独特性之间的关系，也使个性不再成为我们与集体建立关系的基础。斯蒂格勒说：

> 每个人都由其与自身独特性的亲密和原始关系构成，首先是由其对自身独特性（及独特性存在的必要性）的知识构成。这便是为何从众行为就像人类克隆一样，对当事人产生了极其负面的影响：让人对自己越来越不满，并丧失了对未来的信仰。而问题在于不满和信仰丧失反过来又加剧了从众心理，构成了新的政治趋势。这个带来堕落的恶性循环必须被打破（Stiegler, 2011：28）。

针对目前发生的堕落，斯蒂格勒认为希望和恐惧彼此对立。随着对未来的希望慢慢丧失，希望也逐渐被怨恨、恐惧和惊慌代替，最后带来的是无序和从众的超级共时性。这种共时性具体表现为全球市场营销、民族主义、圣战主义的兴起和越来越保守的边境管控。

那么如何打破这种恶性循环呢？我前面已经稍微讨论了斯蒂格勒对此的分析。斯蒂格勒也承认数字技术在解决目前的困局方面的意义。顺着这个思路，他提出，如今的“远程技术”不仅威胁了民主，同时也是“创造新的社会关系和民主和平的唯一可能”（2010：177）。斯蒂格勒（1998）的这个说法引用并修改了古尔伯特·西蒙栋（Gilbert Simondon）的观点。西蒙栋认为，所有的人类社会都存在于社会与不断进化的“技术系统”的关系之中。这些发展不但改变了技术系统，而且改变了构成社会的其他子系统。如此，斯蒂格勒认为，“若数字化是全球技术系统正发生的变化”，那么它必然同时开始了“调整”过程，“形成了对构成社会整体的社会伦理安排的悬置和重新创造”（2011：10）。

从这个角度出发，斯蒂格勒提出，数字技术可能是开始新时代的动力。这样的动力不是来源于文化与工业之间的彼此对立（就好像19世纪时的浪漫主义），也并非来自使“生活”服从于技术发展的要求（就像超工业主义那样）。

> 正好相反,新的秩序、新的文化实践和新的工业发展模式被创造出来(文化实践不能简单地被缩减等同为使用)。文化及对文化的控制成了发展的核心。作为代价,这样的发展形态可能带来从众现象,进而产生出新的野蛮并导致政治上的信仰丧失(Stiegler, 2011: 15)。

我在本书中提出,城市与数码技术的结合构成了新秩序形成过程的关键所在,这种新秩序将文化实践与数字技术的"产业"逻辑以新的方式联系起来。但这也是个复杂且问题重重的领域。萨森(Sassen, 2011c)提出"技术的城市化"概念,强调特定的使用方式和使用文化会不断地修改和建构技术的特点。与此同时,很显然的是,技术的逻辑也会根据新的互动规模和互动速度来重构使用文化本身。

本书中,我的兴趣在于考察在网络化城市中"成为公共"的过程如何将不同规模和形态的传播实践、技术逻辑和社会主体性融合起来,并由此通过连接"直接"与"中介"改变两者的意义。若"公共"必然涉及建构作为交往和传播空间的"共同性",那么如今在讨论这样的共同空间时必须考虑现代城市越来越异质化和移动化的人口组成。新形态的集会和在公共场合与人共处的形式如何影响文化实践、价值观和信仰的再度创造,如何帮助人们摆脱目前的困境?我们如何与人分享而不重蹈覆辙,落入本质主义基于统一文化、语言、宗教、民族和国家的社会交往形态?我们如何才能创造并加强一种能在差异性中寻求共同维度的归属感?在怎样的条件下,数字公共空间才能发展出世界主义的文明形态?这不只关涉足迹遍布全球的社会精英,而已经成为日常生活的社会技能。目前不断推进的"智慧城市"计划是否会把我们引向别处?下面我会逐一讨论这些问题。

与陌生人生活

汉娜·阿伦特(Hannah Arendt, 1958)在分析现代性中公私概念的转变时提出,经典的公共空间是政治行动的"表现空间"。但是如果我们认为公共空间是已然存在的,并且等着政治行动在这样的舞台上开始,那么我们就与阿伦特的观点差之千里了。列斐伏尔(1991a)反对学者将空间视为有待填满的“信封”。阿伦特与列斐伏尔在这点上不谋而合,她强调公共空间的“公共性”恰恰是要通过公众集会和演讲等具体的行动来建立。这些本质上是政治性的集会和交流行为通过其本身的实现构成了公共性。如朱迪斯·巴特勒(Judith Butler, 2011)所述,这种理论路径对于我们如何思考“公共性”有两重意义。首先,“公共性”必须与自由主义赋予个人能动性的特权区分开来。其次,这种观点对于人们通过具身集会构成公共空间的过程更为看重。

> 第一种情况下,没有人能脱离其他人独自进行自由的移动和集会。第二种情况下,广场和街道并不只以物质形式支持政治行动,它们自身构成了所有公共和身体行动理论的重要部分(Butler, 2011)。

公共空间可以由其双重角色之间的张力所定义:它支持与他人一起的集体行动,这种行动构成了阿伦特所说的“政治表现”(appearance of the political)。同时,政治行动也决定了公共空间的命运。换而言之,公共空间的“公共性”从来就不是事先给定的,公共性正是通过公众集会和演讲等政治行动创造出来的。如今,这种构成关系变得更为复杂,因为在公共场合与他人一同言说和行动需要考虑到数字网络如何按照新的规模、强度和时间性来对其意义以多种方式进行重新框架。

将公共空间定义为政治性的演讲和集会场合突出了第二个悖论。公共空间与共享的共同性无法分割,同时也是一个包容差异和不同意见的所在。事实上,公共空间只有能够集中并容纳这样的不同意见时,才能真正具有“公共”的属性(Mouffe, 2007)。所有“公共”的构成都必须能够包含这样充满竞争和对立的空间。

这种充满对立的角色在现代城市环境中尤为重要:现代城市中的公共空间是陌生人之间自发短暂的新型社会交往最为主要的发生区域。支持现代城市智识形成所需要的结构性条件在19世纪中叶随着社会整体加速向工业资本主义转型而逐渐具备。在这个阶段,许多城市的规模和社会复杂性都迅速增长，流离失所的乡村人口被吸引到城市中的作坊和工厂中工作。滕尼斯和涂尔干（Tönnies & Durkheim）等学者提出的具有前瞻性的城市社会学理论，建立了在现代城市的新环境中区分共同体（Gemeinschaft）与社会（Gesellschaft）最主要的分析路径。以亲属关系和个人关系为基础的传统社会关系被更为匿名的社会交往以及由合同和市场体系规定的非个人的现代城市治理模式代替。马克斯·韦伯（Max Weber）在1921年那篇著名的论文中如此定义城市："从社会学角度说，城市是在有限空间中密集分布的住所，这些住所形成了大规模的居民区，这些大规模的居民区与其他地方的街区不同，居民们个人之间并不相识。"（1968：1212）

乔治·齐美尔（Georg Simmel）强调了陌生人在现代城市文化体验中的作用。按照齐美尔所说，"大城市"的生活产生了新的城市主体：城市中的"陌生人"既不像传统的游荡者一样从一个城市不断迁移到下一个城市，也不像在很多紧密关联的小型社区那样不少人留了下来，经过社会化成为熟人。城市中的陌生人能够停留居住在现代城市中正是因为他们保持匿名。陌生人城市的出现扰乱了社会生活原来的空间关系。正如齐美尔所说，"在这种关系中，物理距离近在咫尺的人们实际可能相隔万里，而物理距离千里之外的人却可能亲密无间"（1971：143）。这种"居于侧却远在天涯"的不确定性使现代城市充满了生存性的张力，这种张力现在越来越强。考虑到原本的聚合性力量，例如共同的文化或宗教体验，尤其是共同的语言都日渐减弱甚至彻底消失，我们该如何建立和维护"社群"？

齐美尔提出，在陌生人中生活给城市生活注入了新的个人和文化自由，与此同时，城市生活也面临着非人化和文化影响丧失的危险。齐美尔将创造与异化整合为城市现代性不可分割的一体两面，这种说法在20世纪的城市研究中不断被人提起。芝加哥城市社会学的代表人物之一路易斯·沃思（Louis Wirth）在1938年的文章《作为一种生活方式的都市主义》（Urbanism as a Way of Life）中认为，城市市民比较不同文化的能力构成了重新创造传统的自由，也增加了涂尔干所谓"无序化"的风险。沃思将现代城市描述为"马赛克式拼贴的多个社会世界，从一个社会世界到另一个的过渡常常是突然而剧烈的"（1994：71）。"新世界"中移民人口的爆炸深刻地影响了他的这种观点。[2]若文化差异构成了现代城市，那么对沃思而言，这些差异也可能阻碍社会规范的最终形成。[3]

理查德·桑内特（Richard Sennett）对于现代城市的文化理想作出过较为乐观的评估，也多少继承了齐美尔的理论。[4]对桑内特而言，学会与陌生人生活是现代社会政治活动中改善绝对主义信仰系统的关键所在。大城市生活是现代民主的前提，不只是因为大城市使个人有了诸多"跳跃"式的体验，产生了更关系化的信仰系统，更是因为大城市为世界主义文明公共话语的出现创造了存在的基础。桑内特（1978）的《公共人的衰落》（*The Fall of Public Man*）一书中最重要的是证明了公共交往并非天生就会，而是一个习得的过程。桑内特将现代都市文明的出现视为对封建关系的替代。后者基于人与人之间的顺从和义务，而前者则是需要通过积极的试验、学习、实践和培养形成复杂的关系。公共空间正是这种世界主义文化产生的"媒介"，社会凝聚力的产生不再取决于人们长期居于祖籍。桑内特在他的《在一起》（*Together*，2012）一书中又回到了这一主题。他提出，现代城市中充满移动性和多样性的复杂社会形态需要新的社会合作方式："这是一种要求严苛且困难重重的合作，需要将代表不同利益、彼此敌对、相互不平等或相互间无法理解的人们联合起来。"（2012：6）与齐美尔的洞见"现代城市的存在性困境在于如何在陌生人之间维持关系"一脉相承，桑内特在现下提出"如何以他者的方式和角度来回应对方"是目前重要的挑战。

随着各种移动变得更为复杂和无序可循，新的移动性又重新定义了城市的居住节奏（Papastergiadis，1999，2012；Georgiou，2013），这一任务正在变得更为艰难。现在人们最为"熟悉"的常常是电视上的知名主持人或者某一社交网络中的个人主页，而居住在隔壁的邻居却常常彼此互为路人且看上去难以接近。意识到这一点并非要提倡通过试图重回过去那种看上去更为稳固和同质化的社会形态来改变现状。这样的怀旧不仅误导读者甚至可能是危险的。例如让-吕克·南希（Jean-Luc Nancy）所说：

> 将社群视为本质的想法……其实造成的是政治的终结。这样的想法构成了闭合终结，因为它赋予社群一种共同的存在（common being）。

事实上，社群并非如此。社群是基于共同的存在，但自身不需被吸纳到共同的实质中去。“基于共同的存在”与宗教意义上的团体，与融入一个群体，或形成独特、封闭且最终的身份认同截然不同。相反，基于共同意味着不再在经验或理念上有任何形态的实质性的身份认同，并与他人共享这种（几乎自恋式的）“认同的缺失”。这就是哲学上所说的“界限”……（1991：xxxviii）

更进一步，南希提醒读者，亚里士多德认为人之所以居于城市并非因为“需要”而是基于更高层次的原因：对逻各斯（logos）的共享。如果逻各斯很难定义（常被认为是语言或理性之类），南希提出，“逻各斯的唯一价值在于被披露出来，也就是被分享”（1991：xxxviii）。我们当下面临的挑战就在于学会如何在多样复杂的环境中分享“社群”既有的共同之处，同时又不在虚假共识的表象之下丧失我们之间的各种差异。南希坚持认为，要达成这样的目标需要产生新的“社群”，也就需要新的“传播”实践：

我们如何才能接受我们复杂分散又四分五裂的存在所具有的意义呢？这种存在也只有在共存中才有意义。也就是说，我们如何传播？但要认真解答这个问题只有当我们摒弃了所有传统的“传播学理论”后才有可能。传统的传播学理论常将共识、连续性和信息的传递作为必要条件或希望达到的目标。实际关键并非为传播制定规则，而是领会“传播”过程中首先发生的是彼此间的相互显露：有限的存在向着另一个有限的存在敞开，并在其之前与之共同出现（1991：xl）。

分析在城市公共空间发生的传播对于重新思考社群与传播之间的关系有战略性的意义。桑内特的观点中最为关键的一点是将公共空间的问题提到了首要位置——他坚持认为“站在他人的立场来回应他者”并不只是道德伦理态度的问题。这不只是关于想要“做正确的事”（改述自斯派克·李［Spike Lee］），而是一项需要社会技能的任务。和列斐伏尔一样，桑内特也认为社会技能“会在不断的实践活动中涌现出来”（Sennett，2012：6）。在公共场合与他人的交往尤能培养共存所需的社会技能。强调具身实践对于培养社会技能的作用同时也突出了需要超越哈贝马斯(Habermas, 1989)给予理性辩论在构成政治公共领域中的优先地位。这并不是要一味提高“非理性”的地位,也不是为了贬低有目的的理性辩论在政治中的价值。这么说是为了突出具身和情感互动在建立公共社会交往过程中作为共同拥有的社会技能发挥了关键的作用。也就是说,这种社会技能并非由具体某个个人所有,而是作为保持了相互差异的集体共同拥有的关系。

在公共场合行动需要我们在独立与合作、突出个性和寻找与他人的共性之间,通过协商达成总是不稳定的动态平衡。这些不同的张力决定了我们以怎样的方式重新表述最初提出的问题：在怎样的条件下地理媒介与公共空间的联结才更有可能培养世界主义文明所需的各种技能?

公共空间的死与生

齐美尔、列斐伏尔和桑内特大体上都肯定现代城市是创造新形态文化动力的场域。但他们的观点也不尽相同。实际上,长久以来将现代城市视为无序空间(并亟须新的组织逻辑)的看法常常占据上风,甚至遮蔽了其他可能性。如本雅明(Benjamin, 1999：839)所说,19世纪城市的主要形象是由急速增加且不可预知的各种人群居住其中的迷宫。这种将现代城市视为被“暴民”主导的无序之所的看法,作为主要的动力之一推动奥斯曼(Haussmann)从19世纪50年代起对巴黎进行先锋式的“规范化”管理。这样的看法同样也使城市规划成为一个正式的学科,以求给无序混乱的城市生活带来理性的秩序。

面对工业资本主义的快速变化,重新恢复城市秩序的需求成了西格弗莱德·吉迪翁(Siegfried Giedion)管理的国际现代建筑协会(Congrès internationaux d’architecture moderne, CIAM)在20世纪二三十年代的核心使命。[5]其中正式提出这些观念的关键文本是CIAM在1933年推出的《雅典宪章》(Athens Charter)。《雅典宪章》明确提出,城市规划中强调流动循环(circulation)的功能主义视角相比社会交往的视角拥有更高的优先地位。

就好像勒·柯布西耶(Le Corbusier)将城市街道称为“交通机器”(1971: 131-132)而吉迪翁则大声疾呼“让城市中的步行廊道消失”(1967: 822)那样,关键的目标是为了创造出保证高速交通的城市空间。在这样的视野中,公共空间虽然并未绝迹,但在主流技术官僚的城市规划中越来越成为城市中按功能划分的活动区域。[6]

这种逻辑最典型地表现在战后各种购物中心和大规模综合性商场的建设。在只有驱车才可到达的距离内,原来街道的功能从城市其他部分被单独区分并内化。虽然社会生活在购物中心仍旧存在(Morris, 1988),但购物中心将原来由市集、街市、商业街中混合的各种功能集中起来,让渡给由私人企业控制且专供消费的空间。从20世纪末期开始,随着城市不断拓展边界,大型廊道成为城市发展的基本单位,购物中心的发展对于城市化战略越来越关键。

“二战”之后,虽然功能分区的逻辑在城市规划实践中大行其道,但反对的声音也越来越响。正如塞德勒(Sadler, 1998: 24)指出,政策实行与理论之间的脱节意味着虽然建筑学圈内在20世纪50年代对CIAM的立场提出了尖锐的批评,但在实际的城市建设中,CIAM的取向仍在全球被广泛地付诸实施。虽然CIAM的批评者包括列斐伏尔、情境主义者们、史密森们、雷纳·班纳姆(Reyner Banham)、一些马克思主义者和笃信无政府主义的城市规划专家们,他们之间无论是在哲学学派还是在实际规划方案上都存在着巨大的差异,但这些批评者们都越来越担心技术官僚式的城市规划正在抹杀现代城市所具有的自发性和社会交往,损害了现代城市作为一种社会形态的价值。从这个角度看,街道的丧失是重大损失——不仅因为街道是人们最为喜爱的公共空间,也因为街道上的社会互动最为复杂多样。康斯坦特(Constant)在20世纪60年代提出的“整体性都市主义”(unitary urbanism)的观念,强调了街道并不只是交通流通的空间,更是传播沟通的“接触区域”:

从历史上看,街道并不只是交通的干线。街道比交通枢纽更重要的其他功能包括了街道作为城市集体生活的空间。在街道中,各种公

> 共事件，包括市集、狂欢、展销、政治游行以及不同个人之间的接触和偶遇都可能发生。简而言之，在家庭私领域之外的所有活动都有可能在街道上发生（1998：134）。

当街道变得功能单一——无论通过功能分区，被机动车完全占领，过度商业化，还是像在奥斯曼管理下的巴黎那样消失或是像罗伯特·摩西（Robert Moses）在20世纪40年代对纽约布朗克斯区（Bronx）那样大刀阔斧的重建（Caro, 1974：849）——城市公共生活整体的特性都会随之发生改变。在关于城市街道的争论中，关键的转折点是简·雅各布斯（Jane Jacobs）出版了《美国大城市的死与生》（*The Death and Life of Great American Cities*, 1961）一书。卡辛尼兹（Kasinitz）将此书赞为“在过去半个世纪中，关于美国城市空间影响力最大的著作”（1994：93）。值得注意的是，雅各布斯在书中热情地捍卫了街道上的社会生活。但此书刚付梓时，雅各布斯把街道生活的复杂性盛赞为更高形态的社会秩序，这种说法与当时的政策环境和城市规划实践形成了鲜明对比。正如麦卡洛（McCullough）所说，我们现在理解密集性和多样性原则构成了都市主义的基础，但当时这些恰恰是现代化过程中“城市重建”针对的对象（2004：187）。威廉·林（William Lim）回忆起当反对者们如何将这些观点视为对进步的阻碍：大量草根社会活动家及城市理论家的抗议都被人视而不见，甚至被人嘲讽责难（2012：28）。

与同时代大多数人相比，雅各布斯的研究更多地使用了实证观察。与其为读者规定理想的城市生活应该如何，雅各布斯通过基于对格林威治村既有状况的实证观察，提出自己对城市空间多种混杂性使用的支持。雅各布斯提出，人行道除了让人通过外，还有诸多其他用途。善加使用的街道可以在一天的各个时间吸引各种不同的使用者，以非正式的方式聚集起居民、工人、购物者和陌生人等。连续不断且多种多样的空间使用可以形成良性循环：街道上的人会吸引更多的人走上街头，他们至少可以享受观看他人各行其是的乐趣（Whyte, 1980）。被善加使用的街道也会吸引很多观察的目光，因此街道也就成了更安全的所在，各种陌生人共同在场就可能被视为乐趣的来源而非对个人安全的威胁。善加使用的街道增加了各种偶遇,而这正是卡辛尼兹大加赞美的“都市性的本质”(1994:94)。对雅各布斯而言,非正式的交往是建立社会关系和城市信任的关键所在:

> 大多数的偶遇单个看来都是微不足道的,但非正式的交往作为整体的效果却不容小觑。这种本地层面非正式的公共交往大多是偶发的,与日常各种琐事紧密关联,并且都是由个人自发主动而非被动进行。这些交往整体上培养了人们对公共认同的情感,建构了公共生活中彼此尊重和信任的网络,积累了个人或街区出现不时之需时可以加以利用的资源。这种信任的缺失对城市街道是致命的,而其培养又不能通过制度化的方式来达成(Jacobs, 1961: 56)。

“公共信任之网”使人们能够在对隐私的需求与对多样化松散社会接触的需求(这种社会接触不必然发展为个人之间的亲密关系)之间形成平衡。“这种平衡由细微且精细化管理的各种细节构成。这些细节的实践和被接受如此非正式以至于人们常将其视为理所当然。”(Jacobs,1961:59)但是若没有合适的空间或机会供非正式的社会交往,人们要么不得不将这种交往正式地规定下来(常常是徒劳无功),要么干脆放弃这种类型的社会交往。雅各布斯说:“当城市中的人们被迫在分享和放弃交往中作出选择时,更普遍的情况下人们会选择放弃。一旦城市中缺少自然和非正式的公共生活,居民通常会选择在彼此之间极大地相互孤立。”(1961:65)

雅各布斯的研究和其他聚焦于街道公共生活重要性的研究为讨论地理媒介扩展到公共空间后的意义设定了理论背景。廉价且分散的传播能力是否有利于同他者发生非正式且偶发的社会交往?是否会以新的方式扩展或加深这种交往?或者城市中新的数字基础设施是否会架空这种社会交往,用基于海量数据的预测性分析来消减本身的自发性?这是目前智慧城市规划和争论中最为主要的矛盾之一。

智慧城市中的公共空间

与列斐伏尔一样，雅各布斯的著作最终在城市规划圈中得到了认可。在不少方面，人们或可认为雅各布斯的作品在当下比任何其他时候都更多地被人引用、更有影响力。当然，这并不意味着雅各布斯的理论总是在实践中得到体现。对于城市危机不断提高的重视程度推动了城市政策方面的这一变化。1972年，电视直播了圣路易斯市 Pruit Igoe 区拆除，直播被查尔斯·詹克斯（Charles Jencks）敏感地称为后现代建筑的诞生，标志着对现代城市规划失败的公开承认。到1975年之前，标志性的现代城市纽约也到了破产的边缘。福特总统最初拒绝向纽约市提供贷款后，《纽约每日新闻》直白地登出了“福特不贷款，城市活不了”的标题。在1977年大规模停电后，城市中发生的骚乱和抢劫似乎意味着某种城市梦想的终结。

对于许多这一时期的理论家而言，很多人感到现代城市已经失去了原有的内部一致性。在1984年的《后现代主义或后资本主义的文化逻辑》（Postmodernism, or, the Cultural Logic of Late Capitalism）一文中，弗里德里克·詹姆森（Fredric Jameson）借用了凯文·林奇（Kevin Lynch, 1960）的城市易读性概念，提出后现代的城市本质上会令人迷失方向。保罗·威里利欧（Paul Virilio, 1986a）进一步指出，城乡差异全然坍塌，不仅导致了单一市中心的消失，也催生出“无处不在的城市”（omnopolis）这种看似自相矛盾的新形态。歌德在1727年将巴黎描绘为世界城市时，他赞美巴黎将远在千里之外的全球的壮观景象都浓缩呈现在城市范围内。威里利欧的说法与歌德正好形成对照。威里利欧（1997：74）所说的“无处不在的城市”表现为距离的消失以及同质化的商业文化，同样的商品、品牌和体验散布全球。在新自由主义复兴的大背景下，对公共空间未来的悲观看法在美国尤其流行（Davis, 1990；Sorkin, 1992）。

让人惊叹的是，20年后，虽然许多推动上述分析的趋势依旧存在，甚至在许多方面还有所增强（包括市场全球化、城市扩张、私有车的普及化、公共文化的媒介化等），但城市话语已经发生了明显的转向。这部分是因为受到了新的城市化进程加速的影响，尤其是中国以及亚洲和非洲其他地区迅速的城市化（Keith et al., 2014）。[7]亚洲迅速出现不少超过千万人口的超大型城市。雷姆·库哈斯（Rem Koolhaas, 2004: 452）提出，城市再也不只是一个西方的概念了。

但源自原来中心城市深刻的话语变迁也影响了对城市未来的重新评估。新的都市主义包含了不少彼此辩证对立的动向。曼哈顿地区的“高居无忧”（loft living）（Zukin, 1982）计划恢复了纽约市时尚之都的形象，激发了一系列城市复兴和重建计划，并最终发展为各种“创意城市”（creative city）计划（O'Connor, 2006）。这些都取决于利用数字革命加速城市从制造业向知识经济的转型（Pratt, 2008）。这些转变一方面部分扭转了早先城市规划的情景，成功地产生了不少充满活力的街区（Franklin, 2010）；另一方面，也推动了其他方向的发展。在世界范围内，原来市区工业化空间的再度开发与城市不断的中产阶级化勾连在一起，产生了新的城市社会分层模式。[8]

最近以来，智慧城市计划的崛起替代了原来创意城市话语修辞占据的地位。从这些视角看来，数字技术不仅是通向新的创意经济的门径，更承担了维系新的城市居住时代的责任。但智慧城市到底是什么意思呢？从技术上看，智慧城市一般是指通过使用多种大规模且多样化的数据来为城市的移动、资源调配之类提供借鉴参考。按贝蒂等人（Batty et al., 2012: 482）的说法，智慧城市中存在由多重网络连接起的一组规模各异的应用工具，这些网络能够连续不断地提供与城市中人与物的流动相关的数据。如果说智慧城市的修辞常常利用人们过去关于城市控制的幻想，那么智慧城市作为实践的可能却是非常新近的事。随着网络感应器、数据存储设备和分析模块的成本以几何级速度下降，搜集所有城市系统和行为的数据，处理分析并实时利用这些数据对城市产生影响已变得更为切实可行。

新的可能也提出了一些新的问题。贝蒂等学者提出，只有当城市的信息功能有能力为了特定目的将数据整合起来，为改善城市的效率、平等、可持续以及生活质量服务时，智慧城市才能真的具有智慧（2012: 482）。人们正在积极利用数据及数据分析能力建设“智慧城市”，使城市变得更有竞争力，功能更为强大，更安全，更宜居和可持续（Kitchin，2014：8）。现在大多数对智慧城市理解中存在的灰色地带正是以这些多样化的目标为背景出现的。例如，有人声称数据的生产和分析能给公民赋权并改善城市的宜居性，也有人利用数据分析和搜集来增强管理和控制城市的能力。

虽然我不反对利用数据提高资源使用的效率，但我认为目前对智慧城市建设的理解存在重大问题。具体而言，智慧城市常受商业利益驱动，对于能够从数据中学到什么常常言过其实。尽管智慧城市话语中也提到了增加透明度，但仔细考察却可以发现其中存在各种根本性的不对称。这些对于未来城市的公共空间有重要的意义。

像安东尼·汤森德（Anthony Townsend，2013：18−19）和亚当·格林菲尔德（Adam Greenfield，2013）这些智慧城市概念的批评者们常常强调当下智慧城市的叙事源自异常强大的商业利益，像IBM、西门子、Cisco、三星和微软这样的技术巨头推动着智慧城市的计划。格林菲尔德评论说：这就好比说是美国钢铁公司、通用汽车、奥的斯电梯公司和贝尔电话公司等当时的商业巨头，而非勒·柯布西耶或者雅各布斯等学者集体创造了20世纪城市学中最为基础的思想（2013：13−14）。沙费斯等学者（Schaffers et al.）指出，如今是商业力量而非城市政府更多地推动了智慧城市计划的实施（2011：437）。这就帮助解释了（而非为此辩解）智慧城市设想中涉及的利益相关方概念为何比较狭隘，以及企业层面的智慧城市计划为何常常对于本地文化和本地空间不屑一顾。

第二个问题是通过利用实时大数据创造智慧城市的想法取决于一系列存疑的假设。这些假设包括数据和数据分析是否是中立的，以及对于数据究竟能够显露出城市生活哪些方面的盲目相信等（Mattern，2013）。西门子宣称，“未来城市将由无数独立自主且智能工作的信息技术系统组成，这些系统完全清楚了解使用者的习性。这种城市的目标在于通过独立的信息技术系统，更好地优化管理和控制资源”（Wohllaib，2008：68）。他们对于“智慧城市”的计划基于乐观主义的假设，认为技术系统能够不带偏见和毫无扭曲地塑造各种社会关系和状态。但这样的假设无论从哲学层面还是实践层面都已经被人广为诟病。即便不考虑任何观察或测量行为都不可避免地会影响观察测量的情景，设计师也知道任何技术系统的实际建设都必然涉及不同功能与结果之间的权衡取舍（Greenfield，2013：53）。将优化控制作为毫无争议的唯一价值提出实际上忽视了以上两个问题。西门子上述说法支持了克里斯·安德森（Chris Anderson，2008）所说的大数据迷思，就好像充分大量的数据就可以消除对意义解释和理论的需要。[9]智慧城市计划将城市视为可以通过精密的算法工具进行最优化管理和控制的一系列技术系统。这样的解决方案（或莫洛佐夫［Morozov，2013］巧妙地称为“解决主义”［solutionism］）是城市技术专家体制新的有力表现。

第三，智慧城市常被认为由各种所有权归属平台构成。尤其在格林菲尔德（2013：11）所谓的“经典的”智慧城市中，例如韩国的松岛新城（New Songdo）或阿联酋的玛斯达尔城（Masdar City）等从零开始建设的城市。Cisco 和 IBM 分别在这些地方建设了整合各种城市系统的蓝本。同样的逻辑也影响了更广泛地对现有城市基础设施进行翻新改造的活动。这不仅仅涉及网络化感应器、RFID 阅读器和数字视觉系统（例如车牌识别系统增强了原有的视频检测网络）的广为使用，同时也关系到将市民个人的随身设备越来越多地与数据网络整合。如格林菲尔德所言，手机和平板既是界面又成了关于个体移动位置、行为活动和意向偏好的数据来源（2013：11）。

依赖大数据也对研究有重要影响。撒切尔（Thatcher）指出，所有权归属的分析系统与大量所有权数据匹配共同出现。这限制了研究者能提出哪些类型的问题以及他们会得到怎样的回答。即便考察市民随身设备生产出来的数据，“研究者无法如其所愿完全地观察生活，终端用户与大数据之间的互动必然被少数为私有公司服务的程序员所决定——这些私有公司在移动应用市场的生态系统中已经大肆扩张，占据了重要位置”（Thatcher，2014：1766）。

智慧城市的规划常策略性地使用信息透明度和公民赋权的修辞。但是对数据的获取存在高度不对称。格林菲尔德（2013：43-44，60）对三个典型智慧城市的分析显示，城市很少甚至没有计划系统地向普通市民提供开源的原始数据。市民们收到的通常是根据数据分析处理得出的“提示”。无论如何，市民们若要使获取的原始数据变得真正有用，他们还需要获得先进的数据分析能力。但分析能力一般不是大众能够轻易获取的。这种形式的不对称也牵涉“客户”（通常是各种城市政府管理部门）和市民如何理解数据搜集的意义。事实上，数据“意味”着什么取决于人们能够如何使用它们，而使用方式总在发生变化。比如说你现在对一张照片的处理和15年前一定很不一样。所有这些因素都会影响我们就决策和另类选择作出批判性判断的能力。如尼森鲍姆（Nissenbaum）所说：

> 基于数据汇聚、数据挖掘、数据画像的精确预测出现之后，我们开始无法理解很多决策。即便决策者自己也可能无法理解自己作出的决定，因为由极端复杂的算法分析得出的统计相关性违背了以往指引我们行为的那些普通理论（Nissenbaum & Varnelis, 2012：32）。

最后，也有可能最让人不安的是，随着关于城市“生活质量”的话语被技术驱动的规划所涵盖，在这个领域就关于未来其他可选项的对话明显属于凤毛麟角。如沙费斯等人所说，“技术推动在实际研究议题中仍旧占据主导地位”（2011：437）。虽然贝蒂等人（2012：492）坚定地争辩说智慧城市的数据可能构成“公共财产”，但当商业利益和平台建设越来越紧密地被捆绑在一起，而对数据的控制可能成为未来城市最为主要的竞争领域时，智慧城市数据成为公共财产的可能如何才能实现呢。[10]

面对数字数据迅速的增长，全世界的城市已经开始将不同来源的数据和网络整合到单一节点上。其中，不少还通过“城市控制室”（city dashboards）向公众提供信息。[11]但大多数的数据呈现面对的还是城市管理者。类似计划中最为野心勃勃的或是 Centro De Operações Prefeitura Do Rio（里约热内卢市政府与 IBM 公司之间的合作）计划，该计划将30多个政府部门的数据汇集在一起。在城市的控制室中，城市管理变成了如何优化城市能源、物质和信息流动的问题。虽然这个系统非常先进，但我们仍不禁好奇，我们将城市理解为社会交往的复杂构成，需通过体验和实际生活而非优化管理来形成的那种能力是否能够被保全下来。

雷姆·库哈斯（2014）认为，智慧城市修辞话语的崛起表征了对城市想象的贫乏。当发展中国家城市的物质开始爆炸式发展的那一刻,我们停止了对城市本身的思考。当我们停止思考的时候,城市就获胜了。智慧城市恰逢其时地填补了这个空白。库哈斯又说,智慧城市、创意阶级和创新等修辞词汇相互汇集,创造出对整合越来越有力的支持。若你看下类似里约热内卢等智慧城市中 IBM 设置的控制室,你就会开始思索究竟多大程度上什么东西实际上被控制了。

如我在前两节所说,不可预测的自发交往形态已经形成了现代城市生活创造性的核心。正如哈特和奈格里所说:"除了由社会生活创造并同时塑造社会生活的共同性(common)之外,不可预见的偶遇以及与他者的交往构成了大城市另外一个主要特点。"(Hardt & Negri, 2009: 251-252)。如今智慧城市战略中重要的问题就是那些无意或者有意地被实际控制的部分,限制了公共空间继续作为偶遇和交往的媒介发挥作用的可能性。这个问题具体体现在两个相关的方面:我们如何设计城市公共空间,以及在地理媒介环境中公共交往新近的可追溯性。

对现代主义城市规划设计最主要的批评之一不仅是它自上而下的执行方式,还包括其过度设定应该如何的倾向。就像怀特(Whyte, 1980)、沃森(Watson,2006)和史蒂文斯(Stevens,2007)等人所说,应然性的城市规划设计限制了市民按照列斐伏尔的观点对环境加以利用的能力。萨斯基亚·萨森(Saskia Sassen, 2011b)认为,如今智慧城市的计划重复了以前同样的错误:数字技术过多地被用作增强中心控制和管理的方法,而非认可"不完整性"本身的价值之后,设计系统使居民通过各种形式的本地化实践将技术城市化:

> 我认为,Cisco 公司根据其远程监控技术提出的"智能城市"(intelligent city)模型已经错失了将技术城市化的良机,并徒劳无功地希望消除不完整性。智能城市的规划专家们,特别是韩国松岛的智能城市规划将技术隐入后台,技术管理控制了使用者而非与使用者形成对话。造成令人遗憾的后果之一就是智能城市成了一个封闭系统。如此,智能城市很快就会过时,甚至寿终正寝。

库哈斯（Koolhaas, 2014）也这么认为。他提出通过将安全作为智慧城市重要的卖点优先考虑，城市交往的自发性不得不为了获得更高的可预测性成为牺牲品：

> 如果技术公司创造的环境实际上提供了城市可能成为的各种模型，那么智慧城市的说辞或许还能更有说服力。但是如果你去硅谷看一下，你就会发现数字领域最伟大的创新者们实际上创造了一个寡淡无趣的郊区环境，并且这种郊区越来越对外封闭，技术形成的泡泡将其与公共领域隔绝开来。

在接下来的第三章、第四章中，我会进一步讨论如何利用地理媒介设计不完整或有待完成的城市空间，这样的城市空间能够容纳和支持形态更为丰富的空间挪用和社会交往。也是因为另外一个原因，这个问题正在变得越来越重要。随着我们进入被小说家威廉·吉布森（William Gibson）生动地称为“负担得起的隐私”的时代，虽然城市街道上偶发的社会交往曾激发了众多现代主义的思想，但如今正在被城市监控和管理社会运动的新能力所代替。[12]城市人口更大的异质性和移动性激发了更多对于控制、追踪和管理公共空间运动的需求。追踪移动和厘清身份认同不再仅仅是为了在特定的边界控制点上管理各种流动，而成为被应用于整个城市空间的更为一般化的逻辑。在这样的背景下，格林菲尔德提出，在经典的智慧城市规划中，未能将类似传统公共领域的元素考虑在内，尤其让人担忧：

> （智慧城市）拥有各种内在的能力通过分析个人独特的生物学印记，跟踪人们在城市空间中的移动轨迹，监视评估他们的言论和其他行为，并据此预测他们将来的行为和移动。智慧城市构建了一个完全工具化的环境（Greenfield, 2013：68）。

智慧城市的“安全”环境很容易让人产生不好的政治联想。另外，跟踪和数据追踪也不再仅仅是国家机器的特权，更成为如今各种商业公司的重要手段。当人们日常的传播、浏览和社会交往都与新的监控和数字跟踪技术紧密关联在一起时，现代城市的体验会发生怎样的变化呢？当传统的“隐私”观念“寿终正寝”，现代城市中陌生人之间相互匿名性曾经孕育了现代城市独特的公共文化，如今却越来越受到威胁时，将会培育出怎么样的城市生活呢？[13]

地理媒介的出现对于城市空间中各种非正式自发活动的未来具有特定且重要的责任。一方面，各种数字技术提供了新近涌现并有待探索的可能，让人们利用分散式的反馈来改变城市的环境气氛，以便创造出临时的“实验区域”以及新的社会集体互动的形态。另一方面，公共交往越来越多地受到大规模数据抓取的影响。大规模数据抓取不只受到控制城市基础设施的各种自动化系统的影响，也取决于强调主动信息披露和自我报告的文化迅速发展。在下面几个章节里，我会着力讨论我们应如何协商建构新的条件。

无电视直播的革命

在回溯了公共空间从现代城市诞生时到如今网络化环境下面临的困境之后，接下来，我聚焦更多从媒介变化中涌现出来的各种转型。欧文·戈夫曼（Erving Goffman）在其《公共场所的关系：公共秩序的微观考察》（*Relations in Public: Microstudies of the Public Order*）一书的前言中简要地提到了“目前我们城市街道的不安全和不文明”问题（1971：ix）。[14]造成戈夫曼所说的这一现象背后的原因当然不一而是：“不安全和不文明”是城市衰退的表征，也标志着在20世纪60年代城市街道多大程度上成了美国乃至全世界挑战政治共识的各种力量彼此角力的所在。将公共空间作为主要的接触区域加以广泛使用的程度，构成了当时社会运动的特点：人们不仅在街道上举行游行抗议，而且发明出包括静坐示威、时尚表演和表演艺术等新的社会行动和公共展示形式进行公共传播。这些创新的公共生活形态与广播电视快速发展建立起来的公共文化条件密不可分。我此处需进一步考察媒介与公共事件之间的关系的变化。

在这个部分，我将追溯讨论与广播电视时代相应的空间组织如何支持了媒介与社会生活间特定的关系。“二战”后，私人家庭成了媒介使用（观看电视、收听广播）最主要的中心，这最终催生了戴扬和卡茨（Dayan & Katz, 1992）所谓的“媒介事件”。在下面这个部分，我将提出向地理媒介的转变使广播媒介事件依赖的条件越来越成为问题。媒介越来越多地出现在城市街道，创造出一种不同类型的媒介事件：公众围观和分散性的反馈成为重要特征。虽然新的媒介事件类型未必全然替代原来的媒介事件，但新的媒介事件切实改变了“公共事件”在网络化公共空间条件下的生产方式。

在 20 世纪 60 年代，将街道视为“不安全和不文明”的看法突出了电视在这一时期对公共领域的影响。按照哈钦森（Hutchinson, 1946）的逻辑，电视观众可以在遥远的地方“安全”地与各种公共事件“保持接触”。“通向世界的窗口”成为理解电视最常用的比喻。然而，电视与事件的关系一直都是复杂的。对于那些走上大街的市民而言，不同的力量正在发挥作用。随着 60 年代美国反越战运动逐渐进入高潮，公众对电视的信任程度也一泻千里。人们越来越意识到“通向世界的窗口”允许观众看到的内容是充满选择和偏向的（Gitlin, 2003）。人们越来越清晰地意识到主流媒介本身构成了社会问题的一个部分，这样的认识引导人们对资本主义、性别政治和消费文化作出更宽泛的批判反思。吉尔·斯科特-赫伦（Gil Scott-Heron）在 1970 年提出的口号“电视镜头不会报道革命”渐渐替代了类似“全世界都在观看”这样抗议者们在 1968 年芝加哥民主党全国大会期间提出的口号。[15]人们开始意识到，为了再造社会，有必要创造出自己的媒体。

在 2011 年，斯科特-赫伦的口号在“占领”海报上重新出现时，媒介、公共空间与媒介事件之间的关系再次发生了重大变化。视频行动者谢伊·戴维（Shay David,2014）宣称，如今重要的革命确实不会被电视报道，但一定会被视频捕捉。[16]然而，实际发生的转型远比谢伊所说的对旧有传播形式及其局限性的超越要更为复杂。数字时代的媒介生产和发布确实克服了“可获得性”和“可见性”方面原有的不少局限，但它们同时也创造出新的制约。下面我将详细说明。

首先，我们需要意识到，电视广播在 20 世纪后 50 年的迅速发展与家庭私人空间的转变以及新媒介事件类型的出现紧密关联在一起。如雷蒙德·

威廉斯(Raymond Williams, 1974)所说,这是新媒体平台与资本主义某一进化阶段以特定方式关联起来产生的后果。我们现在所说的广播电视生态对于当时资本主义从战时生产型经济向以私人家庭为中心的基于生活方式的消费经济转型至关重要。电视迅速成为将广告带入家庭私领域的主要渠道,并构成了福特主义消费品生产发展必不可少的传播条件。但电视的作用远远不只简单地将新的产品呈现给受众。斯蒂格勒(2011: 109)认为,电视更向公众展示了各种模式化的行为。在尼采宣告"上帝已死"一个世纪以后,生活的意义越来越取决于消费,而通过个人积累过上"美好生活"成了人们理所当然的欲望。

除此以外,电视也成了战后政治的重要推动力:为原本主要是本地地区性的政治逐渐转变为以联邦总统为核心的政治(甚至非总统制的政治体系也未能例外)创造了条件,并且突出了名人与政治资源之间至今仍旧紧密的关联。与此相关,电视在本地文化与国家和全球文化交流之间逐步推进的重新定位和部分整合上也发挥了促进的作用。从这个视角出发,我们或可开始将广播电视的体制化置于20世纪后期城市社会中各种社会政治方面发生范式转变的背景中加以理解:原本长期紧密的城市群体被更为松散,更具移动性和多样性,并且在空间上更为分散的各种关系替代;政治成为一种越来越围绕着组织化媒介展示的专门职业。另外,传统的社会化机构影响日益式微,慢慢被"电视媒体"的崛起所替代。随着电视媒体成为建构贝克、吉登斯、拉希(Beck, Giddens & Lash, 1994)等人称为"反身性"认同建构的重要资源,社会主体性的性质也发生了变化。

广播电视媒体的崛起还对应了城市某一空间特性的巩固。战后不断扩张的城郊使得连接私人生活和公共领域的传播基础设施变得更为重要。电视正好满足了这个结构性需求:电视成了将政治公共领域以及对文化生活和市场关系的呈现带入私人家庭最重要的途径。广播电视的地位被确认之后,电视网络设施标志了将公民与城市关系重塑为大量私人关系的独特转变。同阿伦特对传统生活中"积极生活"(vita activa)的描绘形成对比,私人家庭而非公共领域成了获取"真正的"(authentic)体验最重要的场合。

在这样的历史背景下,电视利用其新的传播能力生产出空间上更为扩散的社会同时性体验，造就了被戴扬和卡茨(1992)称为“媒介事件”的新的事件类型(以1969年阿波罗登月为典型)。虽然戴扬和卡茨对媒介事件作了严格的界定，但我在此更有兴趣探索这种新的社会逻辑的意义。这种新的社会逻辑基于海量受众在各自家庭的私领域中对公共事件的消费。[17]在广播电视直播的背景中，面对面交流突然发现自身面对着新的规则：电视将千里之外他处的事件实时带到此处，受众与不同地点的其他人一起同时观看。虽然这样的体验现在已司空见惯，但这不应遮蔽其跨时代的意义以及其中各种明显的矛盾。为了理解这一时期兴起的公共事件新的逻辑，我需要从两个角度来讨论这些张力：再现的政治以及再现的时间性。

广播电视时代，特定领土范围内广播电视频道数目方面的限制不可避免地塑造了媒体的可见性。[18]渠道的稀缺性对于广播媒体的基础设施建设至关重要，并不可避免地使“把关”和“再现”问题成了批判分析的焦点。广播电视时代，媒介再现的政治中关键的问题一方面是所谓的“全国性对话”中多样性的缺乏，另一方面则是如何获取包括频道、角色、广播时间段等稀缺资源的各种策略。这样的讨论框架最为明显地体现在当下不少关于各种少数民族在电视纪实和非纪实类节目中是否能够获得“可见性”的激烈争论中。谁被采访或刻画了？谁出镜了？谁的声音被听到，谁的主张被作为权威报道出来了？在这个时期，稀缺性令有些事件成为“媒介事件”的门槛变得很高。[19]

渠道稀缺性产生的局限广为人知，但电视直播产生的时间效果相比之下就更为模糊不清。无论如何，广播电视逻辑中重要的一个维度就是“事件”本身越来越多地为了媒体报道而作出相应的策划与调整。如果说肯尼迪在政坛崛起的那一刻(例如民众对1960年肯尼迪与尼克松在电视广播辩论中的表现的评价出现了显著的不同)使这一点在政治领域已经显而易见，随后几十年间，人们借用广告、营销和电影等行业的专业手段塑造和控制媒体政治报道的需要变得越来越迫切。到20世纪80年代，为照片和声音媒体而设计政客的公共形象已经成了第二本能。到90年代，对媒体生产周期的加速回应越来越多地定义了“最佳实践”：1992年克林顿选举时提出的口号“速度决定生死”充分说明了这一点。

当然,这一逻辑并不只限于狭义的政治领域。对于“软实力”作为军事“硬实力”的重要补充的依赖程度不断提高,意味着越南战争后正面的媒体报道对于军事行动越来越重要。媒体“禁声”为信息饱和所取代,信息供应战略和在战争报道中“植入”随军记者以求获得正面的战争报道等做法与传统的媒介审查制度相互补充,共同发挥作用。在这个领域,速度显得举足轻重。威里利欧(1989)提醒我们,1939 年德国对欧洲实施“闪电战”时,军方也专门安排了人员在前线拍摄视频,并在第二天晚上将前线的影像在柏林等德国城市的电影院公开播放。从 1990 年到 1991 年海湾战争前,媒体在军事行动中战略性使用与对平民人口的治理技术融合的趋势变得愈发明显了。这一趋势不仅表现在 CNN 对军事冲突 7 天 24 小时不间断地滚动直播,更表现为军事专家和平民受众在家庭起居室电视屏幕上观看同样的战争直播画面(Wark, 1994)。

媒体报道和(破坏性)事件越来越紧密的融合注定很快就不再是国家的特权。威里利欧回顾了 1993 年对曼哈顿世界贸易中心的袭击,他说,“随着纽约的爆炸,我们因此发现我们自己面临军事与政治间互动的不断升级,这种互动的升级同时基于有限数量的行动者和得到确保的媒体报道”(2000: 19,着重强调)。若 1993 年的袭击预示着策划并评估事件的社会政治效应已经与策划其媒介传播密不可分,那么这一逻辑在 2001 年彻底摧毁世界贸易中心大楼的“9・11”事件中更为明显。“9・11”事件中第一架飞机与第二架飞机之间长达 17 分钟的时间间隔使电视有机会直播第二架飞机的撞击。[20]该事件策划将耗费时间考虑在内(大火融化世界贸易中心大楼的混凝土核心结构直到两幢大楼的倒塌一共耗时近一小时)保证其获得了最多的可见性。

对于“媒介”和“事件”在广播电视时代末期的关系,“9・11”事件告诉我们什么呢?第一,我们需要强调“集中运动”(campaign,既可指军事,也可指政治和市场营销行为)的逻辑已经全面“渗透”到各种规模和类型的公共事件。第二,原本主要限于军警等权威部门运用的“快速反应”传播,现在已经越来越多地被包括“恐怖分子”和“激进分子”在内的其他主体所采用。就此而言,我们或可认为“快速反应”正逐渐被整合进“私人生活”领域。旧有的习惯(例如为了拍照安排像婚礼或生日庆祝这样主要的家庭仪式)现在正被提升为更为普遍化的表演，而自我呈现已经成了各种社交媒体平台上永不间断的自我建构行动。

第三，越来越明显的是，电视将身处家庭环境的受众与外在世界的事件勾连起来的“中介化”过程，也不可简单地理解为“真实”和“再现”或“主动参与”和“被动观看”等二元对立。这种简单的二元对立常被用于控制管理的目的。警惕简单化理解并非否认所有远程视觉见证明显的局限性：电视对任何事件的呈现毫无疑问地受到技术、经济、意识形态、体制、社会文化和其他因素的多重“过滤”。尽管如此，如果我们要理解电视实时撒播事件释放出来的特殊的历史力量，我们就需要意识到远程视觉建构了与公共事件之间复杂的社会心理关系。大多时候，“事件”与“媒介报道”之间假定的分隔得到了一系列习惯和惯例的维护（其中包括记者新闻生产的专业准则和观众收看电视的社会实践）。可是，很久以前就有标志性的情形打破了这一习惯性的框架。类似“9·11”袭击发生的时刻，电视屏幕看上去“安全”的中介化被诡异的“直接经历”所取代，不可预知的情感辐射扩散开来。电视不再有能力通过与他者的场景之间建立超然且大体为游客旁观式的关系来帮助人们保持距离，电视成了对于重大创伤体验进行诡异传递的途径。[21]

比“9·11”袭击后众所周知的经济后果更为严重，马图席兹（Matusitz，2013）指出，袭击之后随即进行的调查显示，有21%的美国人晚上因为关于该事件的噩梦或对后续袭击的担心而难以入眠。[22]同样显示该事件大规模且广泛的社会心理情绪反应包括，明显有更多人开始寻求精神健康服务，购买抗抑郁药品。人们普遍认为生存和安全价值更为重要，同时自尊和自我实现价值的重要性却降低了。或许最让人震惊的是，在2005年的一次调查中，美国几乎一半（46%）的成人受访者认为“9·11”恐怖袭击是他们生命中最为重要的事件（Matusitz，2013：88-89）。（相比之下，只有2%的受访者将苏东剧变、3%的受访者将越南战争、6%的受访者将伊拉克战争视为生命中最为重要的事件。）虽然许多因素共同发挥作用导致了这一情况（例如“9·11”袭击发生在美国本土），我认为“9·11”袭击在公众眼中的重要性和情感冲击部分来自其作为众人可以在家庭环境实况观看的“媒介事件”所具有的异乎寻常的可见性。

占领网络化公共空间

“9·11”之所以是独特的“媒介事件”还有另外一层意思:“9·11”同广播电视时代走向终结(还不是彻底结束)在时间上巧合。虽然无数人通过电视屏幕见证了世界贸易中心的坍塌,但广播媒体的时空设置正面临不断增加的压力。当“媒介事件”的形成向新的行动者(甚至是部分)开放后会发生什么呢?

在《网络财富》(*The Wealth of Networks*)一书中,尤查·本科勒(Yochai Benkler,2006)从宏观上区分了“工业信息经济”(industrial information economy, IIE)与“网络信息经济”(networked information economy, NIE)。电影、音乐、出版和电视等传统媒体被认为属于“工业信息经济”:它们需要相对大规模的资本投入来支持信息生产和发布过程。本克勒认为,与后期制作拷贝的额外成本相比,“制作最初原创”(如原创歌曲或电影)所需的成本更高。这一事实有利于文化产业的现代发展,优先生产出相对少量具有较高生产价值且便于广泛传播的产品。若“技术支持的可复制性”(Benjamin,2003)为“大量受众”(mass audience)的出现创造了所需的条件,本克勒认为,这一模式形成的历史条件也推动了信息生产与交换领域的商业化和集中化。[23]

与工业信息经济形成对比,本克勒所谓的网络信息经济出现在两种不同技术发展的交汇点上:其一是电脑从数据分析计算的工具转变为无处不在的媒介和传播设施;其二是相对廉价的全球互联网连接。传统的电视只是一个“信号接收装备”,但电脑在同一设备中综合了内容获取和内容生产的功能。生产与消费的融合也支持了主要互联网平台的设计,其中最著名包括蒂姆·伯纳斯-李(Tim Berners-Lee, 1997)的万维网协议。一旦个人电脑与互联网传播的新结构结合起来,工业信息经济的商业模型就越来越显得千疮百孔。当足够数量的用户能够用软件和硬件方便地制作各种相对内容无损的数码拷贝并将这些内容以很低的成本加以传播时,工业信息经济的发展就到达了主要的拐点。在1999—2000年年间,这一情况导致了

Napster 文件共享网站的"完美风暴"，并随之产生了关于版权、知识产权和应对盗版等一系列延续至今的热烈争论。

网络信息经济的意义远远不只是它对传统传媒行业的冲击。本克勒提出，网络化计算支持的"同伴共同生产"预示了更为深刻的经济和社会变迁：

> 去中心化的个人行动构成了网络信息经济的主要特征。具体而言，极度分散、非市场化且不依赖于所有权策略的机制推动了新的合作与协调行动。相比工业信息经济环境中的情形，这些行动如今扮演了更为重要的角色(2006：3)。

米歇尔·博旺(Michel Bauwens, 2005)进一步扩展了这一视野。博旺提出，各种 P2P 网络有可能构成经济合作行为和政治组织的后资本主义模式。博旺认为，P2P 的各种项目具有他称为"同等潜在可能性"(equipotentiality)的特征：通过合作使不同技能为社区所认可，并形成基于能力的共同参与。他强调，当代资本主义在计算和传播方面尤其依赖 P2P 的基础设施。若这样的状况如今催生了所谓的"网络统治的资本主义"，像斯蒂格勒一样，博旺认为它也为其他另类可能性的出现创造了条件：

> 仍旧处于新生阶段的 P2P 运动(包括免费软件运动、开源代码运动和免费文化运动等)响应了另类全球化运动的组织方法和目标，正迅速地成为工业时代社会主义运动的等价物。作为可替代现状的另类选择，P2P 显示出新型社会力量，即知识工人的崛起。

但是，博旺也提出，在分散式线上软件生产背景中出现的合作模式多大程度上能够有效地推广到其他场景还未可知。在这一点上，列斐伏尔、桑内特和巴特勒(Butler)等人就公共空间提出的问题同当下关于数字媒介的各种争论产生了交集。我在本书提出的主要观点是，城市公共空间的网络化已成为探索尝试与具身他者发生关联所需社会技能的关键实验场所。

对公共空间(作为政治表现的空间)的占用总是带有象征意味，如今人们或可认为象征性成了公共空间首要的特点。威里利欧(1986b)认为,控制城市空间不再是实现或维持军事-政治控制的充分条件。这一战略性的变化是各种更广义历史转型的组成部分:城市从配备了军队和边界控制的独立政治单位(Weber, 1958)转型成为民族国家更广义的政治、经济和领土框架的组成部分。然而,城市战争的战略价值非但没有全然消失,反而在后冷战时期在有些方面获得了新的重要性。[24]

那我们如何在后电视广播媒介环境中理解占领公共空间的政治效果呢?将大量人聚于特定地点仍是获得媒介注意、举行官方庆典仪式以及开展非官方社会运动和政治抗议的重要手段。现在占领公共空间依然能按原有的模式获得广播电视媒体的关注。它们依旧提供了符合电视媒体高度形式化需求的"原材料",包括各种人群、演讲、激烈的冲突等常见的戏剧化元素。许多公共抗议中被感知的强烈情感和欲望具有很高的新闻价值,这也使主流媒体即便不赞同甚至反对抗议者本身的目标诉求,也会积极地报道各种抗议行动。[25]

但目前两个因素已经发生了决定性的变化:首先是公众集会的组织发生了变化;其次是集会者多大程度上能生产并传播自己对行动的叙事。埃里克·克卢登堡(Eric Kluitenberg)提出,20世纪90年代后期像"夺回街道"(Reclaim the Streets)这样的社会运动已经开始利用分散式数字媒介新的传播能力来创造独特的公共动员形式:

> "夺回街道"行动依赖在空间中尽可能地实时协调。如果太迟缓,行动就会失败。"夺回街道"行动的各种网络同时既开放又相对封闭:唯有足够开放,众人才能走上街道参与行动;唯有相对封闭,行动的位置和时间才不至于过早泄漏给参与者之外的人。手机短消息恰好符合这些要求。手机短消息服务出现的早期,当远程通信公司尚未意识到这项服务的商业价值时,用户可以向一组任何长度的地址免费群发消息。……不限数量的短消息用户可以在事件开始前一刻收到通知,"夺回街道"行动的组织者充分利用了这一罕见的机遇。如此情况创造出新的社会形态,后来被称为快闪(2011: 42-43)。

十年之后，社交媒体平台在中东被用于类似的策略目的。突尼斯的商贩穆罕默德·布瓦吉吉(Mohammed Bouazizi)在2010年12月自杀之后，脸书(Facebook)小组和推特(Twitter)#sidibouzid的话题讨论对于次年1月公开发布全国性的抗议发挥了重要作用。后来几个月间，社交媒体在很短时间内组织了整个地区的"愤怒日"(days of rage)运动(Joseph, 2012)。[26]承认这一点并非要将"阿拉伯之春"简单地标签为脸书或推特革命，这样的说法将长期多样化的政治抗争片面化为技术带来的解放(参见Khondker, 2011; Hirschkind, 2011)。相反，这是为了突出高速低价地协调大规模公共行动的能力改变了公众集会长期以来不得不面对的限制。《阿拉伯社交媒体报告》(Dubai School of Government, 2011: 5)指出，脸书动员公共抗议的能力支持了各种城市街道上的运动。快速动员的能力曾是军方等高度集权机构的特权，而各种数字网络已经使其他社会行动者越来越多地具有同样的动员能力。

发布和动员的能力还带来了其他效果。占用公共空间的行为常常使参与者自身发生转变，改变了个人和集体想象的界限，并创造或增强了各种政治凝聚力。在公共空间参与集体行动能减少孤立感，共同表达的政治诉求常常使其在参与者和旁观者看来都更为可信。其中重要的一个维度是新的自我披露能力使公共抗议的传播及其新形态的公共表达成为可能。在2011年的抗议活动中，不仅专业的媒体记者参与了对事件的报道，而且大量的抗议者从内部见证了事件，并在博客、社交媒体和网络视频平台上发布了各自的叙事。这些信息发布常常针对其他抗议者，同时也是向"全世界"的传播。克卢登堡说：

> 公共抗议主导的形象不再由客观的媒体记者甚至艺术家们(艺术家毕竟也是某种程度上的专业人士)决定。这种形象甚至未必反映了"激进分子"的视角：大多数抗议者并不认为自己是激进分子。抗议者们多为渴望政治社会发生有意义变化的普通民众，他们希望通过新的自我表达和自我界定形式重新树立自身作为独立政治主体的地位(Kluitenberg, 2011: 47)。

自我报告的传播实践不仅减少了行动者依赖专业媒体定义事件的程度，更令“报道”采用了新的时间性。媒体不再只是在事后对事件进行记录，现在的媒体能够在事件发生的同时影响事件的实时动态。在街上，抗议者们的行动与身处他处的观众之间生成了各种新的关系。拉雅·蔡(Rayya El Zein)指出：

> 考虑到穆巴拉克(Mubarak)和抗议者们都清醒地意识到被观看蕴含的政治力量，评估人们如何观看“革命”的框架就显得十分根本。政权对记者及媒体机构不断地无情镇压反映了当权者担忧目睹抵抗所产生的扩散的力量。而开罗解放广场的抗议者们也一直意识到被更多人看见或保持隐而不见所能带来的机遇和危险。夜色降临，惊恐的声音向人们描述着他们看不见或不愿看到的情形。而到了白天，抗议和抵抗都变为视觉形态的表演，通过各种文化活动明确地呈现出反抗(Ortiz & El Zein, 2011：4)。

全面评估这些抗议活动中密集的反馈网络产生了怎样的社会心理效果并不容易。但显而易见，自我组织形式的媒体通过提高意识、提供支持以及将不同政见常态化等途径，在创造新的政治能量方面发挥了重要作用。在埃及总统穆巴拉克下台后不久，拉雅蔡在一篇在纽约写作的文章中描述了公共表现如何构成开罗解放广场政治效果的有机组成：

> 抗议者高举各种口号宣告自己的身份认同和抵抗，表现出反复强调、精心阐释和细心修饰基本政治诉求的巨大能力。成千上万的人们聚集在一起，用歌声、喜剧、笔画涂鸦和各种纪念活动相互支持。埃及的抗议者们用创造性的活动，吸引他人来观看并加入他们。创意作品实现了政治革命(Ortiz & El Zein, 2011：4)。

早在十年之前，布莱恩·霍姆斯(Brian Holmes, 2007)提出，从20世纪90年代晚期开始，艺术和社会运动在各种抗议活动中出现了新的融合。不同的主体都努力创造对参与者而言更有意义且能更有效吸引媒介关注的运动形态。类似创意性的政治行动不仅增强了参与者之间的凝聚力，更影响了其他媒介的报道。埃及 2011 年的社会运动中，涂鸦艺术、手工制作的标记、海报和各种表演在网上广泛流传，并被全球电视媒体广泛报道。

萨斯基亚・萨森在将新近涌现的情形定义为“全球街道”时强调，根据“集体行动在城市中安置技术”的能力，不同网络的逻辑和不同城市在特定时刻和特定场景中会纠结在一起。萨森提出，网络从来就不只是技术问题，而是通过复杂的生态环境因素提供效用。其中包含(a)各种非技术变量(政治、社会、物质、地理等方面)和(b)不同行动者特定的使用文化。萨森认为：

> 对一群利用脸书小组功能进行金融投资的朋友和那些在周五清真寺宗教活动后组织策划下一次抗议游行的开罗的抗议者们而言，脸书是全然不同的技术。虽然两者利用的技术功能相同(通过迅速传播为同一个目的作社会动员，无论目标是投资获利或去广场抗议)，但差异是确实存在的(Sassen, 2011c: 578)。

我们聚焦于城市中集体行动安置技术的能力，这样的视角有利于我们更好地理解网络化公共空间如何在空间、媒介和具身社会行动者各种文化实践的联结上形成。这种视角已经与戴扬和卡茨(1992)描绘媒介事件时认定事件和“作为见证者的观众”分占不同领域的观点拉开了距离。“广播电视媒介事件”严重依赖专业人士的报道。与之对比，地理媒介的各种功能不仅处于城市空间更构成了城市空间，使得多样的、强烈的且反复的“反馈”流在事件发生时塑造了公共事件。虽然该观点在公共抗议相关研究中受到更多关注，但我下文提出所谓的“城市媒介事件”的意义更为宽泛。在第四章，我会更详细地结合对城市公共空间大屏幕的研究来探索这个问题。

地理媒介的构成

威廉・吉布森在 1984 年发表小说《神经漫游者》后，“赛博空间”的概念开始广泛流传。这一概念强化了将互联网视为与社会生活其他领域分开的平行世界的趋势。现在大多数批判学者的看法都发生了深刻变化。比较比尔·米切尔(Bill Mitchell)在相隔十年间发表的两本著作就很有教益。在《比特之城》(*City of Bits*)一书中,米切尔预言,“比特”(bytes)数据将会全面替代“砖石”(bricks)结构,新的城市将会由“软件对物质形态不断提高的主导”构成:

> 这样的城市并不植根于全球表面任何一个特定的点。塑造这些城市的是网络连接和带宽限制而非准入性和土地价值。城市的运行大多是非同步的,居民常常是作为昵称和代理存在的非具身的碎片化主体。城市地点由软件而非砖瓦构成,地点之间常通过逻辑关系而非用门、走廊和街道相互连接(1995: 24)。

对比之下,在《地方之语》(*Placing Words*)一书中,米切尔否定了自己早先叙事中的对立逻辑。他认为,与其说是一方对另一方的“主导”,不如说是彼此交织。“物理空间和万维网的信息空间不再分别占据不同的领域:肉体空间和赛博空间这样20世纪90年代的说法需要作出修改。通过无数分布在城市和建筑中的电子设备,实体与虚拟越来越彼此纠缠、相互编织。”(2005: 16,18)

这是不是意味着对赛博空间原来的解释总是错的呢?或者在新的环境中需要新的理解?两种观点在某种程度上都听上去有道理。如果说简单地将虚拟与物质对立的看法一直以来就让人生疑,那么有计算能力的数字媒介从桌面和起居室转移到人们的随身口袋和城市街道场景之后,二分观点的局限性就更加暴露无遗了。不同学者对这一新的空间性有不同的描述。肖恩·穆尔斯(Shaun Moores, 2003)将其称为“空间重合”(doubling of space),克卢登堡(Kluitenberg, 2006,2011)、席尔瓦(de Souza e Silva, 2006)和弗里思(Frith, 2012)称之为“杂交空间”(hybrid space),本福德和詹纳奇(Benford & Giannachi,2011)则提出“混合现实”(mixed reality)的概念。但人们集体抛弃了那些现在看来有误导性的理想主义观点,这种热情也很容易成为借口，帮助我们逃避关于用什么模型来思考城市与数据之间的关系这样更为困难的问题。例如，列夫·曼诺维奇（Lev Manovich, 2006）的"增强空间"（augmented space）概念源自计算机技术领域"增强现实"（Augmented Reality）的术语。曼诺维奇将"增强空间"定义为"被不断动态变化的信息所覆盖的物理空间"（2006：220）。这样的说法优点在于没有被特定的技术、平台或内容所局限，但它暗示了构成城市最重要的基础的仍旧是物理现实。这些既存的物理现实后来才被"动态信息"和媒介技术所影响。麦卡洛用了相似的框架，将"去媒介化的体验"与"增强城市"对立起来。他认为，"无论数字信息如何增强城市，城市总归还是去媒介化的体验：纷繁复杂的数据流和各种技术增强背后始终是固定的形态在发挥作用，人们因此获益匪浅"。没有稳定的环境，困惑和无所适从的感觉只会变得更严重（McCullough, 2013：8）。

虽然将数字流与城市建筑视为不同"层次"（类似 Photoshop 图层）的说法看上去符合常识，但我担心这样的看法可能重蹈传统理解方式的覆辙，将媒介视为对既存社会现实简单的附加。相反，我认为目前对社会经验的重塑实际上更为深刻。地理媒介不仅重造了物理、物质、具身和面对面的交往；同时也改变了虚拟、非物质、非具身和远距离的存在。当各种实践和远程传播形态已经常规化后，"面对面交往"获得了新的含义：比如现在面对面交往只是许多社会交往方式中的一种可选形态。面对面交往成为可选项之后，它也就以新的方式成了决策的对象。各种实践和规范都受到这类决策的影响，标志着如今时代的社会生活发生了本质的变化。基特勒（Kittler）对此作了反思："如海德格尔在其关于古希腊哲学家帕尔米尼底斯（Parmenides）的文章中所述，希腊哲学家刺激了他关于打字机的思考。我们自己是否使用打字机并不重要，关键是我们所有人无论是否愿意都已经进入了打字机时代。"（Armitage, 2006：29）

与此类似，不管我们是否使用某些数字网络服务或设备，今天我们都被"抛"进了数字城市的时代。没有人能够简单地"关闭"地理媒介：地理媒介已经被编织到包括公共具身交往在内的各种社会实践整体的重新结构化过程中。一天不带手机或失去网络连接并不意味着城市就会回到"前数字"的

默认状态。那些受到影响的人常常经历(相对)不满足感,表现出挫败感和焦虑。如杰森·法曼(Jason Farman)所说:

> 具身空间的实践越来越依赖于我们的装备与我们的地理地形之间的无缝互动。对空间的再现并不外在于空间的生存体验,而是完全与具身空间的生产融为一体。如此,我们超越了将移动设备视为身体延伸的看法,不再认为设备是我们自身对物质世界的伸展。相反,我们将各种设备视为数字时代具身空间基础的有机构成(2012: 46)。

这就是我在本章中希望讨论的环境变化,聚焦于城市社会交往和公共事件发生条件的转型。下面三章我将结合具体案例来更详细地讨论这些主题。

虽然数字网络对于生成新的环境条件至关重要,但就此宣称传统媒体已死显然为时尚早。广播媒体的逻辑在被拉入数字网络范式的过程中依然存在并不断作出适应和调整。尽管有人认为如今获取公共发言权不再那么困难了,但这一点与其说解决了政治可见性的问题,还不如说转移了问题。媒介系统确实有了新的开放程度,获得可见性的能力分布依旧不平等。广播电视仍旧极其有影响力,虽然"免费广播"的观众(和广告收入)在不断流失,但并没有想象中那么快速,也远非铁板一块。许多媒介把关的结构依然存在:值得注意的是,突尼斯的事件直到总统出逃后西方媒体才开始报道。主流媒体对此的失声迫使参与者们采用新的策略,比如说他们求助于斯蒂芬·弗里(Stephen Fry)这样推特粉丝过百万的名人。

另外,很显然,媒体渠道的增加并不必然等同于观点的多样化。目前数字媒介的生态严重依赖对传统媒体内容的再传播:这一情况对于信源、报道框架和议题的多样性都有影响。更重要的是,生产和发布内容的能力并不必然带来注意力。如博客和视频博客等成本低廉的新的公共传播形式确实有可能吸引大量受众,但实际上很少能真的实现这些可能。相比偶尔出现的热帖,大多数帖子后面都是冷冷清清的"零评论"(Lovink, 2008)。在饱和的媒介环境中,如今关键的问题不再是发出声音,而是如何在每个人都同时说话的鼎沸之中成功地被人听见。如果信息饱和已经使注意力成了稀缺的关键资源，这或者更突出了如今专业市场营销和公共关系手段在赢取公共可见性方面的重要性。[27]最为重要的是，这一状况突出了广播电视时代传统下的再现政治如今很大程度上被嵌入新的“搜索的政治”（politics of search）中。搜索引擎背后不可见的算法补充甚至替代了原来编辑队伍过滤信息和建构知识的“把关人”功能。[28]

数字环境中媒介生产和发布的准入门槛大大降低了，与此同时，媒介平台在全球范围的集中程度却越来越高。P2P的金融、媒介内容生产与发布等实践方面新的可能与少数几个全球媒体巨头公司的崛起同时发生。数字传播高度依赖类似微信、脸书和推特之类私有化的媒介平台，使得它们支持的公共文化很容易受到新形态的政治干预。就此，我们或许能记起2011年1月埃及“断网”五日的情况或者爱德华·斯诺登（Edward Snowden）2011年揭露出来的棱镜PRISM大规模监控计划。

甚至曾很长时间内作为互联网信条的“多人对多人”的传播形态如今也发生了变化。来自内容所有人的压力限制了硬件的功能，并对数字内容的使用从法律和技术上作了新的规定（Gillespie, 2007; Lessig, 2004）。谷歌对YouTube的开发证明，靠用户生产的细分市场内容盈利并不排除专业化高质量的内容生产和传播。除了“付费观看”和“频道订阅”等商业策略外，谷歌为了支持“YouTube之星”生产出高质量的自有内容，还对演播室空间进行了大量的投资。斯坦诺维克（Stenovec, 2014）打趣说，“网络视频媒体看上去……与传统电视越来越像”。

这些发展提示我们不能过度夸大本克勒描绘的工业信息经济与网络信息经济之间的差异，将两种经济视为泾渭分明的对立。和很多人相似，本克勒也认为有些趋势是数字技术“特性”不可避免的后果。他写道：“由于连接和节点簇的大量出现，也因为很多簇形成的基础是共同利益而非资本投资，所以在网络上购买注意力或者压制对立观点都要比在大众媒体渠道困难得多。”（Benkler, 2006: 13）早在中国的“网络防火墙”取得成功之前，我们就很清楚地看到数字网络许多所谓的“本质”属性事实上都与技术被使用的历史时刻有关。广播媒体出现在民族国家建国处于顶峰的时代，网络则在新自由主义复兴的时期成为主流。在广播电视时代，国家对广播电视波段的管控曾被认为是理所当然的。在网络时代，虽然公共财政投资对网络技术在历史上的发展曾经起了关键的支持作用，但如今私有制和市场导向对数字设施和服务的管理也同样被认为是自然而然的。

这对于地理媒介的未来及其对城市公共空间意味着什么？我讨论的重点并不是为了否定像“增强空间”这样的比喻说法，更不是为了坚持某个新的核心分析概念。相反，本书的关键在于认识到在中介与直接的互动越来越复杂的当下，思考城市空间的“关系性”（relationality）存在哪些现实的困难。本书的研究路径并非要雄心勃勃地超越原有概念背后的对立逻辑，而是要重新考虑如何运用这些概念。我并不是要找到新的概念或关系，以求多少超越中介与直接之间传统的二元对立。我的目的是为了探索当下数字媒介在公共空间中出现之后引发的新的张力和矛盾。

考虑到数字与非数字之间的关联不可避免地是“混杂、矛盾且困难重重的”，萨斯基亚·萨森提出，“作为总体后果，原有各种正式的等级制度变得不再稳定，而新的未完全正式化的体系正在出现”（Saskia Sassen, 2006: 328）。萨森的框架聚焦于接触的“前沿领域”（frontier zone），强调了需要在特定场景中分析不同的秩序如何重合交互。在感知互动的厚度、复杂性及不同场景中各种实践多样化的后果时，我们开始以不同方式思考直接与中介的关系，并慢慢地摆脱“在场”的形而上学长久以来对这个领域的限制。

如果能够有效地结合城市的历史资源和数字网络的连接和散播功能，公共空间就成了考察公共传播新形态的“前沿领域”，供行动者试验新形态的公共传播，包括行动者之间试验性的合作。接下来，我会探索媒介与建筑、界面、机构规则和各种多少正式化的文化实践的结合如何增强或阻碍了“成为公共”（becoming public）的不同方式。当公共交往同时具备了本地和全球维度时，哪些条件可能支持城市（表现为共时性、沟通和挪用等社会实践）的再造？

2

谷歌城市

作为数据库的城市

2011年,世界新闻摄影奖表彰了德国艺术家和摄影记者麦克·沃尔夫(Michael Wolf)的作品《一系列不幸事件》。这一作品包括一系列描绘街头意外事故或城市异常景观的图片,本身并不特别突出。最为值得注意的是,所有图片都选自谷歌街景的图片数据库。沃尔夫(2011)解释了这个过程:“我并不是截图,而是将照相机前后移动以求做到最准确的剪接——所以才是我的作品。作品不属于谷歌,因为我重新诠释并挪用了谷歌(的数据)。”我并不特别在意沃尔夫对他自己的做法的解释,这种做法沿袭了现代主义长久以来挪用图像的策略。一个世纪之前,海量印制的图像启发了汉娜·霍希(Hannah Höch)和约翰·哈特菲尔德(John Heartfield)等达达主义艺术家的光学蒙太奇创作。最近,很多艺术家和博物馆都利用数字图像作为原材料创造出新的作品。沃尔夫将谷歌街景视为又一个可供挖掘的“图像的领地”(参见阿兰·塞库拉[Alan Sekula]对于摄影档案有启发性的描述)。我更有兴趣的是,谷歌街景构成了怎样的领地?它如何改变我们对摄影档案的看法?

大多数对谷歌街景的媒体报道和学术分析都关注它对隐私的影响。尽管这些争论提出了重要且有争议的问题,但我希望能够拓展讨论的范围。主流趋势是聚焦于考察谷歌街景的图像是否能辨识到个人,符合西方传统中将隐私视为个人对特定信息控制的法律观念。我关心的是,谷歌街景这种数据驱动的项目如何支持了当今城市社会空间的转型。从这个视角出发,谷歌街景体现了两个重要的发展趋势:数字环境中摄影图像的转型,以及智慧城市建设背景中数字文档产生的各种后果。谷歌街景提供了新的尚未固定的模式,描绘了城市生活中原本未经发现的维度如何被转换成图像,同时图像被转化为城市数据最主要的形态。“再现”城市的传统逻辑转变为涉及数字抓取、GIS 元数据、自动影像分析和网络化传播等实践并进行大规模数据汇集的逻辑，这种转变产生了怎样的影响呢？若谷歌街景体现了人们对城市成为数据的担忧正在出现，它同时也昭示了数据库如何改变档案归档的逻辑，乃至数字与世界间的关系。

从电脑出现开始，人们就对将城市作为“数据库”兴趣盎然。这种转变背后的统计学基础可以追溯到19世纪社会学开始使用统计分析方法研究城市生活新的规模和复杂性（Hacking，1990：46－64）。即便我们接受“信息革命”在20世纪之前已有发端，我们还是需要承认新近被赫勒斯坦（Hellerstein，2008）称为“数据工业化革命”的变化。数据处理成本的降低，数据捕捉、存储和分析能力的增强，共同推动了数据库城市从萌芽阶段的逻辑发展成可操作的现实。数据被存储在温控的服务器中，并被安置到全球战略性的位置（即税负较低且网络高速的所在）。如果19世纪的城市数据库希望在相对处于静止状态的空间中捕捉到各种数据的聚散流动（将数据当作历史的说法比较准确地描述了这样的状况），21世纪的智慧城市建设决定性地偏向增强实时信息的流动和预测能力。正是在这样的背景下，数字文档成了我说的“操作文档”。其中静态和完成的数据（如照片）越来越多地向各种实时的补充和修改开放，数据的发散式使用也产生了新的价值。本章旨在探索谷歌街景背后新的操作性逻辑如何改变城市的公共空间。

大量生产街景

谷歌公司在2007年5月29日推出了谷歌街景，作为对谷歌地图空中卫星图像的补充。在2005年，谷歌在收购 Where－2 技术（一家由丹麦兄弟拉尔斯[Lars]和延斯·拉斯穆森[Jens Rasmussen]经营的在悉尼起步的公司）后推出了谷歌地图应用。谷歌地图参照并随后超越了不少已有的网络地图服务（如 MapQuest）。谷歌地图很快就使谷歌公司在网络地图领域保有一直维持至今的领先地位。

与谷歌地图不同，谷歌街景并未参照已有的服务，而是创造出新的产品。谷歌街景由数字图片数据库组成，数据由安装在行进中的交通工具顶端的摄像机抓取。每张图片都可以放大缩小或做360度的扭曲旋转。用户可以通过点击屏幕上的方向箭头浏览图片数据库。按照谷歌新闻稿的说法,谷歌街景的目的是为了让用户体验虚拟的步道:"通过点击谷歌地图上的街景按钮,用户可以在街道的水平面漫游,获取全景式的图片。"谷歌街景的用户可以虚拟地在一座城市的街上漫步,可以在到达之前预先考察饭店的情况,甚至在街景放大车站和交通标识图像以制订旅游计划。[1]刚开始时,谷歌街景只提供美国旧金山湾区、纽约、拉斯维加斯、丹佛和迈阿密五座城市市中心的图像。但从其诞生的第一天开始,用拉尔斯·拉斯穆森的话说,谷歌街景抱有成为"世界地图"的全球雄心(引自 Moses, 2008)。2008年从澳洲、欧洲和日本等地开始,谷歌街景很快扩散到美国乃至世界各地的其他城市。[2]

到本书写作时,谷歌街景已经在七大洲超过3 000个城市拍摄了图像。显然这并未覆盖全球:存在盲区,尤其是非洲一些地方在现在以及将来可能都不会被谷歌街景拍摄。这些差异反映了谷歌对于在各地进行拍摄的"投资收益"计算。尽管如此,谷歌街景的规模也已经让人刮目相看。记得谷歌街景刚开始覆盖澳洲时,我自己既兴奋又有些不解。我可以理解谷歌地图背后的商业逻辑,但拍摄城市每一条街道并宣称将拍摄的范围扩散到全球又是什么意思呢?与已安装在各种城市位置的成千上万的网络摄像头不同,谷歌街景的图像既非实时又没有定期进行更新。[3]与照片分享网站上大家可见的成千上万的城市位置照片也不同,谷歌街景的照片并不试图突出自己的审美价值。图像的辨识度被有意地调得很低。[4]虽然通过谷歌街景的图像形成虚拟步行街有些用处,但是和谷歌地图的受欢迎程度无法同日而语。相比之下,谷歌街景看上去更像是异想天开的艺术尝试。

作为图像档案的街景

谷歌街景的独特之处在于两个方面:系统采用了街道平面视角来拍摄照片,并且将其影像获取的范围以前所未有的规模扩张。事实上这两个特征之间彼此相关。相比居高临下的拍摄视角,街道平面的视角一直以来看上去提供了更少对于城市空间的征服和控制。19世纪时，居高临下观察城市成了表现城市空间的主要方法。当时的摄影家们利用高山、灯塔和气球等设施获得较高的拍摄位置，拍摄记录迅速溢出原有边界的城市。相比之下，街道平面视角的图像提供了更多微观的细节，但要将这些平面图像整合到对城市空间的整体形象中去却更为艰难。照片深入具体地点，加上照相机可以自由采用各种可能的拍摄视角，这些因素使整合的尝试难免落空。有人或许会说镜头产生了太多照片，但这还不够。系统地捕捉整个城市范围内所有街道的图像，并按照城市地图将它们组织起来或许可能解决这个问题，但这样的计划在实施中却很难实现。即便是在图像饱和的现代主义文化中，虽然城市已经成了无数摄影家表现的舞台，还是没有人真的觉得这样的计划最终能够实现。需要多少照片？如何捕捉、存储、索引并将这些照片关联起来呢？谁会看这些照片呢？

这些关于规模和视角的问题迫使我们将谷歌街景与更早的城市图像档案进行对比。一个突出的参考是查尔斯·马维尔（Charles Marville）在1856—1871年奥斯曼重建巴黎期间对巴黎进行拍摄的先锋项目。当时马维尔的做法非同寻常：首先他采用街道平面视角来拍摄城市，其次他系统地拍摄了城市。他的拍摄项目正处在图像应用变化的拐点上，标志着从手制图像的稀缺性向技术图像的连续性转变的发端，也预示了现代人对于城市成为数据库的担忧。这种转折又提示我们关注第二个参考，即吉加·维尔托夫（Dziga Vertov）1929年“城市交响乐”电影《持摄像机的人》。列夫·曼诺维奇（Lev Manovich）将其描述为“现代媒介艺术中运用数据库影像最重要的案例”（2000：239）。正如我在其他地方提及过的，马维尔和维尔托夫的作品都有典范意义，各自标志着当时新媒体平台（分别为摄影和电影）如何直接牵涉对城市空间意义新的理解（McQuire，2008）。我认为，谷歌街景标志着数字环境中类似的转变或断裂。为了理解谷歌街景运行的条件，我首先思考图像抓取的实施发生了哪些变化，然后才考察杜里西和马兹尼亚（Dourish & Mazmanian，2011）所谓的数据库的“物质属性”如何将谷歌街景同早先的档案区分开来。

毫无疑问，马维尔拍摄巴黎街景的项目对于很多他同时代的人而言太过超前了。甚至在照相机发明二三十年之后,绘画素描之类的手制图像依然主导着19世纪的视觉经济。在这样的背景下,像马维尔那样用上百张图片来“记录”一个城市的各种变化是闻所未闻的。[5]虽然马维尔的拍摄规模和系统性都前所未有,但后人很快就超过了他。1887年,埃德沃德·迈布里奇(Eadweard Muybridge)在其11卷的作品《动物运动》(*Animal Locomotion*)中居然拍了100 000张照片。即便是这样原本只有专业摄影师才能进行的创作也越来越多了。数码相机、手机相机以及廉价的网络存储已经全面扩大了视觉影像的生产。虽然关于其数量的精确数字总在迅速变化,但Flickr、脸书和Instagram等平台上聚集了海量的图片数据库却是毫无疑问的。照片数目成亿(很快就会达到万亿),难以再用百千衡量。[6]谷歌街景就属于大数据时代摄影发生的调整:通过向我们提供更多城市的图像,谷歌街景改变了围绕城市形象的各种社会关系,其中包括它的社会和政治效果以及在经济价值链上的位置。

需要记住的是,马维尔关于巴黎的档案在形式上仍然借用由传统绘画和平版印刷等视觉实践建立起来通用的城市场景类型。但最让人印象深刻的不是表面上对传统视觉类型的沿袭,而是他不断地复制“范例”。不是一张路灯照片,马维尔拍了100多幅路灯照片。不是一幅街景,而是不同时间点上的几百张街景照片。在他15年中完成的作品里,每张照片都是特定系列的组成而非独立的作品。故此,虽然每张图片提供了具体的摄影拍摄参照点(描绘了某条街道在特定时间点从特定角度看出去的样子),但所有照片产生的总体效果却不止于此。历史上独立的图片拥有各自的美学话语,但马维尔的作品指向了系列照片(可能无限多)的关联意义。单张图片的意义不仅取决于其本身呈现的内容,更取决于它在系列图片中的位置。这种变化恰恰体现了本雅明(Benjamin, 2003)后来指出“图片崇拜”的仪式功能与技术可复制图片的“展示功能”之间存在的根本差异,尤其是他认为照片可被理解为统计形式。[7]通过回顾,我们或许可以说马维尔的作品较早地且不完整地表达了照片从“图像”向“数字”的转型。随着数字图像档案以前所未有的规模被创作出来,转型获得了更强的操作性。

谷歌街景一开始提出要将全世界所有的城市的每一条街道都拍摄下来

的野心在经济和实际操作上都困难重重，但打动谷歌数据驱动创始人的正是这类“疯狂”的想法。莱维（Levy）评论，正如谷歌的名字所指，它有雄心应对数字革命触发的数据的历史性增长。谷歌将数据的历史性增长视为“像空气一样正常”，而其他那些在前一个时代获得成功的竞争者们在把握这一现象方面要比谷歌慢了一拍（2011：43-44）。马克·勒沃伊（Marc Levoy）回忆起谷歌街景的先驱“斯坦福城市街区项目”是从 2001 年 3 月开始。当时谷歌创始人之一拉里·佩奇（Larry Page）“给了我们一段他在湾区开车时拍摄的视频，让我们想办法用几幅图片总结概括出这段视频的主要内容”。[8]如今，谷歌街景的雄心听上去越来越理所当然，不再像痴人说梦。这种转变本身值得讨论。随着数据的获取、存储、处理和索引以几何级数变得更快、更廉价，社会想象的边界也随之发生了变化。原本难以想象的雄心（建立关于世界每一条街道的图片数据库）如今说来老生常谈得几乎让人觉得乏味。谷歌街景对于谷歌公司而言只是诸多利用其大数据方面巨大竞争优势的项目之一。但谷歌街景对于谷歌核心业务的重要性正在不断增长。

在 19 世纪，摄影术的发明使影像的领域开始剧烈扩张。这种增长完全改变了围绕影像的各种社会关系。稀缺性被丰富性取代，各种新的影像生产、发布和展示实践改变了再现和见证的社会条件。马维尔的项目处于始于 19 世纪 80 年代的影像生产工业化过程的拐点。影像生产的工业化建立在照相机、电影和印刷技术的基础之上。谷歌街景确定了摄影技术自身在 21 世纪被重新改造的程度。原来包括影像印刷、固定和保存的问题被数据抓取、压缩格式、数据存储、搜索方式和发布协议等新的问题代替。

在这个过程中，像谷歌街景这种大规模的图像档案已经提高了实现“全方位建构大城市生活图像”这一现代梦想必须达到的标准。谷歌街景用自动图像抓取和饱和式拍摄的组合代替了人类摄影家对构图的精心选择。随着“获取所有图像”的可能性取代了对选择性“抽样”的需求，摄影家眼睛的选择性被让渡给数字技术审慎的“非选择性”。[9]从这一方面看，谷歌街景遵循了威里利欧（Virilio，1994）所谓的“视觉机器”的逻辑，不再需要任何人的干预。谷歌街景那些装备了特殊照相机的谷歌车正是“视觉机器”，它们不太关注人或物的传输而更重视图像数据的生产。

生产城市整体图像的愿望是现代性中长期惯有的说法。随着城市生活的规模和复杂性迅速增加,从教堂高塔或山顶居高临下拍摄的图片再也不能充分反映城市生活了。将城市作为整体视觉化呈现的任务越来越多地转变为专门化的呈现技术:一方面是地图测绘,另一方面是卫星或航拍。这两种技术都希望通过拉大距离和抽象程度以把握城市迅速增长的复杂性和规模。谷歌街景在这方面特有的目标是为了将“自下而上”的视角与地图抽象的关系结构重新结合起来。当地图成为通向大量城市图像的界面,新的城市整体性感觉就开始在数据文档的多样性、关系性和可搜索性的基础上涌现出来。Bing 街边(Bing Streetside,微软开发的谷歌街景的竞争者)开发者描述了这一转折的悖论:“与航拍不同,当我们从街道的视角开始拍摄时,地图开始以 1:1 的比例与真的生活发生了关联。”[10] 博格斯(Borges,1975)想象中的地图与物理空间的魔幻般的融合如今已经成了显而易见的社会现实。

面对这种想象的再次出现,很有必要发问:谷歌街景生产了怎样的“文本”?马维尔通过拉长曝光时间将移动的行人从照片中去除,保留了城市的固定结构。谷歌街景与此正好相反。谷歌街景的图像强调了各种稍纵即逝的现象和更为液态的城市。这种取向在图层的转换过程中尤其明显(谷歌工程师们将从同一地点拍摄并能拼接为全景图像的镜头叫做“图层”)。刚开始图层间的转换比较突兀,但现在软件系统能虚化拉伸框架之间的影像,使得图层间的转换变得更为流畅。或许可以说,谷歌街景不再由“跳跃式的图片剪接”而由“连续的变形”构成。两者比较,尽管谷歌街景全部是由静态图片构成,但使用谷歌街景的体验与观看电影或与传统的摄影都存在共同之处。点击浏览谷歌街景的系列街道图片会产生一个序列的影像,就好像使用者成了制作电影的导演,定制了每一帧画面的选择和放映时间。这种类比并没有解决我探索的问题,而是展现出问题领域的复杂性。

“指涉真实”是摄影能作为有力证据的核心原因:图像如何对应它所描绘的世界?这两者之间从来就不是像实证主义客观性理论所说的那样是直接机械的“反映”。电影院的出现使得指涉的模棱两可变得更让人担心。动画出现后,观看的时间在历史上第一次被结构性地植入了图片之中。这种新的能力创造出巨大的潜力，生产出新的文本类型。观众看到的画面可以由导演事先加以选择和组织，并按蒙太奇的逻辑引导观众的视线。随着电影作为一种文本系统渐渐成熟，不同画面的意义越来越少围绕特定时空拍摄的单幅照片之间的对应程度，而是更依赖于有组织的系列图像之间的关系。照片对现实的指涉与其蒙太奇的可塑性特征结成了异乎寻常的联结，构成了电影内在的矛盾：永远在两端之间来回摆动，一边是图像指涉现实的能力，另一边是图像前所未有的仿造世界的能力（McQuire, 1998）。

在某种意义上，维尔托夫的《持摄像机的人》凸显了这种矛盾。维尔托夫利用摄像机将时空作为可塑维度加以重构的能力，为自反性叙事服务。几个月间在不同城市拍摄的碎片式的图像被重新组合为所谓的“组织化的备忘录”：一则为了展示城市生活中的一天，也是为了记录电影制作的过程（Vertov, 1984：18-19）。建构主义理论家维尔托夫想要创造一部与所有“虚构”情节相对立的现实主义电影。为了这个目的，他运用了电影拍摄中包括快速蒙太奇剪接、快进、定框、多次曝光、移动摄像机等所有技巧，以求形成一系列动态的（常常是教科书式的）新旧对比，将政治上腐朽堕落的和进步的社会生活形态彼此对照。

我们是否可以把观看维尔托夫的电影与像看电影一样探索谷歌街景的行为进行类比？我觉得自己有权提出这样的问题，因为维尔托夫的电影明确无误地邀请我们思考如何将“数据”组织成文本系统。当电影中可以看到电影编辑人员（维尔托夫的夫人库兹涅佐娃[Kuznetzova]正在工作）处理电影视频片段，在编辑机上固定或移动胶片，用剪刀胶水处理我们正在观看的电影胶片时，这一点尤其明显。当然，这样的自我反思虽然能够启发曼诺维奇认识到电影的“数据库”特质，但这显然是虚构的。胶片摄影最根本的局限就是在播放之前需要先对镜头作出选择。播放时屏幕上可能会出现看上去是意料之外的情况，但电影胶片的顺序以及每一个镜头的长度都是在观看之前就已经设定好的。

与之对比，谷歌街景上可以同时看到所有的镜头。图片出现的顺序由不同用户各自选择的浏览路径或对链接的选择所决定，所以最终的顺序永远无法固定，总是处于待定状态。就像曼诺维奇所说，从这个角度看数据库和叙述是对立的："作为文化形态，数据库将世界表现为没有固定顺序的列表，与此相反，叙事将表面看上去无序的事物（事件）以因果关系勾连起来。故此，数据库和叙事成了自然的天敌。"（Manovich，2000：225）

若电影的意义和指涉最终是叙事系统的功能，那么谷歌街景的文本性又是什么呢？有必要记住两点：首先，曼诺维奇提出，叙事与数据库之间的对立正在变得更为模糊：电影制片和艺术家利用数字数据库技术创造出开放式的新艺术类型。佩里·巴尔德（Perry Bard）2005 年推出的网络项目"持摄像机的人：全球重拍"就是典型的例子。巴尔德的项目拆解了曼诺维奇赋予"叙事"相对固定的因果逻辑。巴尔德的项目让观众也能生产自己的图像序列来重新诠释维尔托夫原来的作品，并用专门开发的软件保存、组织和播放这些来自不同网友的"参与式电影"。她的项目挖掘出维尔托夫的电影作为数据库的潜力。[11]

其次，意识到数据库提供给用户的选择所受到的局限也很重要。谷歌街景当然给用户一定的自由来浏览图片库，我们需要认识到这些图片在给用户之前已经历了排序过程。考虑到即便谷歌高效的自动化图像抓取也需耗费时间，紧密相邻的街道图片永远都不可能对应唯一的同时性时间。换而言之，我们在谷歌街景看到的已经是蒙太奇：也就是将多重时间和各种视角拼接成为一个整合的图片空间。电影已经如此实践了一个世纪了。谷歌街景的独特之处在于它并非像维尔托夫和其他电影导演那样按照"叙事框架"来拼贴和组织图片，而是根据图像抓取过程中获得的 GPS 位置数据来组织并排列图片。某种意义上，我们或可认为这样的数据构成了一种元叙事；谷歌街景数据库中海量"项目列表"能够根据循环关系进行组织。各种不同的画面不是根据其审美价值或特定类型来进行归类整合，而是因为这些图片来自同一座城市，并按城市地图组织。

毫无疑问，大多数对这个数据库的使用都是功能性的，多数情况下人们会搜索他们熟悉的地方（例如自己的家），或者浏览他们计划前去的地方。只有当我们将这种功能性的关系悬置起来，才有可能开始了解按这个系统组织世界上的城市具有怎样的历史意义。谷歌街景将无数的变异和无数的反复结合起来，汇聚图像的数量多到任何人都无法看完。

大数据时代的街头生活

从一开始，谷歌街景改变公共空间特定动态方面的潜力就十分明显。在美国，谷歌街景能记录下可辨识的个人在公共场合的不恰当行为，这一可能立刻就引起了人们对隐私保护的担忧。侵犯隐私的例子可以包括谷歌街景拍下个人去医疗机构检测性病，有人进青楼寻花问柳，有人在大街上宿醉不醒，或者非法爬墙闯入他人房产等（Helft, 2007）。还有人批评了谷歌的“记录”（take-down）政策。按这个政策，提出举报投诉成了公民个人的责任。[12]出于隐私保护的考虑，谷歌街景在美国之外的推广被推迟了。在美国街道上的活动一般都被认为构成了可供再现的公共领域，对比之下，加拿大和欧盟的隐私法律规定不能未经许可发布任何包含个人信息的图片。[13]谷歌回应美国民众的批评时表示，“谷歌街景仅在公共场合拍摄图像，这些图像与任何人在街上散步时能够看到或拍摄到的并无差异”（引自 Helft, 2007）。但在 2008 年 6 月，谷歌用软件自动地将人脸变得模糊。一个月后将车牌模糊化。[14]谷歌对早先在美国已经拍好的照片也广泛采用了这种模糊化技术。这显示了谷歌街景所在领域的不确定性，以及它所激起的深刻的情感反应。但模糊化技术不足以解决所有隐私问题。

在 2009 年 4 月，英国布劳顿（Broughton）的居民直接采取行动阻止谷歌街景的拍摄车拍摄自己的村庄（参见 Ahmed，2009）。在 2009 年 5 月，希腊也暂时不让谷歌街景进入，并要求谷歌公司进一步就隐私问题作出说明。[15]与此同时，日本民众对谷歌街景也有不少关于隐私保护方面的投诉，谷歌被迫在日本将摄影机视角降低 40 厘米之后重新拍摄许多街区。[16]2010 年，谷歌卷入了最严重的一次针对谷歌街景的隐私投诉。这次危机主要围绕谷歌在收集街道图像时捕捉的大量不安全的 Wi-Fi 数据。[17]虽然谷歌否认自己有意搜集这方面的数据，该问题仍旧引发了广泛的批评和法律上的争议，不同地区对此作出明显不同的反应。[18]2010 年，谷歌改变了说法，披露说它不仅搜集 Wi-Fi 网络数据，而且搜集包括 URL、电子邮件和密码等信息，隐私侵犯的问题变得更为严重。[19]德国、法国、意大利和美国的有些州对此进行了法律制裁，但英国对此开了绿灯。[20]到2012年中期，人们发现谷歌并没有实现诺言真的销毁所有这些数据，这个问题又进一步发酵。

这些事情中凸显出来的隐私问题十分重要并且正在发生。对于法规如何作出反应存在持续的不确定性。这种不确定性突出了谷歌街景作为全球性的新媒体平台，很大程度上跨越了现有的法律和文化界限。无论这些隐私侵犯有多严重，我们都需要意识到这只是迅速增长的“数字冰山”上可见的一角。虽然谷歌街景拍摄城市图像范围巨大，但很显然大多数人不会在谷歌街景上看到自己的形象。把关注度过多地放在隐私问题上可能会让人“只见树木不见林”，忽视像谷歌街景这样的数据项目给城市社会空间带来的转型。从这个角度看，我们虽然承认谷歌街景抓取的图像确实可能侵犯隐私，但更重要的侵犯发生在事后。对于亟须数据的经济而言，真正重要的不是图像自身显示了什么，而是这样的地图数据库让用户披露了什么（他们的习惯、偏好、行走路径和日常惯例等）。这一过程很大部分发生在被称为技术潜意识的后台“黑盒子”中（Thrift, 2004），常常不被注意。

循此思路，我认为，谷歌街景带来的最重要的变化并不是它能拍摄具体个人的图像，而是它让城市空间整体转变为数据。这一能力对于谷歌整体的商业战略来说正变得越来越关键。这一点的重要性在2007年谷歌街景刚诞生时或许谷歌公司自己也不甚明确。[21]但在2012年，当谷歌与苹果等竞争者在数字地图领域的“商战”爆发时，谁都无法否认这一点了。[22]谷歌早在2008年就决定要控制这个领域的核心数据，这一决策预示了谷歌街景不断增加的重要性。[23]蒂姆·奥莱利（Tim O'Reilly，2005）在赞美Web 2.0时说过，“数据是下一个关键硬件（Intel Inside）”。奥莱利明确说MapQuest这样早期的网络地图服务没有保护好自己的核心数据，所以才会被谷歌后来居上：

> 如今网络地图领域竞争激烈证明，若忽视自有核心数据的重要性就会最终损害企业的竞争优势。MapQuest从1995年就开始探索网络地图服务。但雅虎、微软和谷歌等后来者进入市场时轻易地通过许可协议获取了同样的数据，迅速推出了与MapQuest形成激烈竞争的应用。

开始时谷歌通过与 MapQuest 和 TeleAtlas 等第三方签订数据许可协议来建立谷歌地图。谷歌能够后来居上并迅速占领市场证明成功不仅仅取决于拥有数据，更受到数据组织、处理和发布能力的影响。但是为了提供差异化服务并保护自身的竞争优势，有效控制核心数据依然重要。对谷歌地图而言，谷歌街景如今帮助它实现了以上两项功能，使其成为谷歌在线地图项目的有机组成。

亚历克西斯·马德里加尔(Alexis Madrigal, 2012a)在《大西洋月刊》(*Atlantic Monthly*)上刊文详细描述了谷歌如何应用各种数据来源建立主地图(谷歌称之为“地面实况”[Ground Truth])的详细过程。[24]谷歌一开始用类似美国政府人口普查局的 TIGER 数据库等“权威数据”建立地图的基础层。“地面实况”的“操作员”将这些权威数据与美国地质调查和谷歌航拍或卫星照片等其他数据库的信息结合起来。总的想法是要建立更精确的对应和再现实际物理地貌的地图。谷歌街景从几个关键的方面支持了这一想法。从 2007 年开始，谷歌拍摄车已经在世界各地的城市的街道上行驶了超过 1 100万公里(Miller, 2014)。如此至少生产出三层可供谷歌利用的数据：驾驶员体验(确认地图上的街道是否真的存在，是否可以通过便于行驶等)，能够与成千上万图片关联起来的 GPS 元数据，以及拍摄的图片本身。图像识别技术的进步意味着谷歌街景自身也成了越来越重要的数据来源，供他人挖掘更多的信息。具体而言，谷歌街景能够从街道标识、道路表面和沿街捕捉文字，并将文字输入谷歌对物理世界的索引系统。这样的能力对于谷歌 Atlas 内部工具平台整合构成“地面实况”的不同数据源至关重要。这种数据挖掘(部分靠算法，部分手动)极大地改善了地图导航的准确性，但导航功能只是诸多可能用途中很小的一部分。如谷歌地图的副总裁布莱恩·麦克伦登(Brian McClendon)所说：

> 如果我们能用光学字符识别(optical character recognition, OCR)并定位书写信息，我们就能组织世界的物理书写信息。我们现在利用这种功能抓取街道名和地址来绘制地图，但这只是很小一部分……我们已经有了 600 万个商户和 2 000 万个地址的“视觉码”，我们准确地

知道这些视觉码意味着什么。……我们能够使用商标匹配系统找到肯德基的标志在哪儿……我们能够辨识并通过语义理解我们获得的所有像素。这对于我们很重要(引自 Madrigal, 2012a)。

这一项目涉及的数据即使对谷歌来说也数量巨大。马德里加尔(Madrigal, 2012a)在 2012 年时说,谷歌地图团队每两周发布的数据要比谷歌在 2006 年拥有的全部数据都要多,谷歌街景的大量图片是造成这一情形的重要原因。[25]

比数据数量激增更为重要的是,谷歌街景从根本上改变了人们对线上线下世界关系的想象。谷歌从诞生起就致力于解决网络数据组织和管理的问题,但如今谷歌的视野已经扩展到将物理世界作为数据加以组织。如马尼克·古普塔(Manik Gupta,谷歌地图的高级产品经理)所说:

若仔细观察线下我们生活的真实世界,你就会发现信息并非都在网上。我们在日常生活中越来越多地试图填补我们所见的物理世界与网络世界之间的鸿沟。谷歌地图恰好在这方面发挥了作用(引自 Madrigal, 2012a;原文有改写)。

有很多方法可以让物理实在的东西变为数据,例如可以用文本描述它们,可以扫描事物,给事物加上 RFID 标签或者给它们装上感应器。视觉图像捕捉的方法或许是将城市中的各种微观的细节转变为数据的效率最高、成本最低的方法之一。谷歌对谷歌街景的投资率先用高效低价的手段捕捉地点数据,将图像与地理位置结合起来。在这个过程中,街景对谷歌地图持续的成功至关重要。苹果公司在 2012 年决定开发自己的地图服务,这显示了这一领域对于数据经济的战略重要性。[26]地图绘制对于移动设备的使用尤其重要:全球超过 10 亿安卓手机安装了谷歌地图,这是谷歌能够在基于地点的移动搜索和广告等领域占据主导地位的重要基础。此外,如撒切尔(Thatcher, 2014)所说,谷歌地图还成了许多其他城市数据软件运行的基础平台。苹果公司不用谷歌地图之后,优步(Uber)很快取而代之。[27]数字地图平台对于运输、船运和零售行业的高效率运营也越来越重要。马德里加尔(2012a)提出，“谷歌的地理数据可能是公司最有价值的资产。这不仅是因为数据本身，而是因为位置数据可以让谷歌的其他内容和服务变得更有价值”。谷歌获取数据并将数据整合到自己的地图和其他应用中的做法给了谷歌先发优势，让其他竞争者很难取而代之。马德里加尔(2012a)说，“我很确信其他任何公司都无法像谷歌那样大规模地搜集地理数据”。[28]

作为城市世界图像的街景

谷歌街景的发展代表了数据驱动的都市生态最为关键的面向，突出了地理媒介对于如今智慧城市建设战略的重要意义。作为结论，我想讨论一下几个相关的议题。首先讨论围绕摄影图像的社会关系发生了怎样的转型。与早先的城市摄影传统(比如上文提及马维尔和维尔托夫的作品)相比，谷歌街景拍摄的图像并非为了让用户“看到”什么，而是为了最有效地获取大量数据。如今，不仅可以依靠“视觉机器”来自动化地捕捉图像，而且出现了自动化的观看，日益精密的机器分析逐渐增强或补充了人眼观看。这一拓展支持了前文描述的转变。这一发展限制了将谷歌街景与传统城市摄影对比的价值，同时也强调突出需要在“观看”生产出更多数据的背景中，重新思考摄影图像与观众之间的关系。如克拉里(Crary)所说：

> 在这种情况下，传统的对“观者”概念长期以来形成的理解都发生了变化：个人的观看行为不断地被转化为信息用以增强控制技术，并在市场环境中生产出基于使用者行为数据的新的剩余价值(2013：47-48)。

城市成为数据越来越丰富的所在——无论数据是来自自动化的活动(例如在城市公交网络中的移动)还是用户主动在社交媒体上上传的带有地理标签的图像——谁控制这些数据、如何使用这些数据等问题正变得越来越紧要。尽管有人提倡更好地将数据转变为公共资源(如 Batty et al., 2012)，但这种说法还未产生实际影响。人们还没有来得及系统地反思谷歌街景对个人隐私以及对城市公共文化产生了怎样的影响,谷歌街景就已经迅速崛起。这种错位标志着一种激进的实验性环境已经出现。谷歌迅速发布新的技术和服务,然后再处理随后浮现出来的问题。这是非常典型的数字都市主义实践:只有市场的力量能够规训看上去独立的技术进步。

这突出了民族国家在管理城市公共领域方面的作用发生了变化。让-弗朗索瓦·利奥塔(Jean-François Lyotard, 1984)在《后现代状况》(*The Postmodern Condition*)一书中假设民族国家之间将会爆发信息战。如果这样的"赛博战争"变得越来越常见,数字竞争扩展到城市日常生活的领域后会形成同样重要的"前线"。这种向城市日常生活的扩展有几个方面的意义。值得注意的是,马维尔和维尔托夫开展他们的项目时都受雇于国家。相比之下,谷歌街景并非国家项目,而是由全球性的商业公司为了组织和管理全球信息而推动的项目。这不是说如果由国家来启动这样的项目自然就会更好,或者所有国家总是会致力于推进"公益"(更不用说"公益"的含义也难以统一,常常彼此矛盾)。相反,我们需要认识到,强大的全球数字平台的出现跨越了国家和城市的界线,改变了市民和政府如何影响最为基础的城市生活过程(例如从某地如何到达另外一地)。以后对于"公益"概念的讨论都需要考虑到这些新出现的条件。

我想指出,在建设谷歌街景数据库过程中,谷歌有效地挪用了城市空间的公共形象,并将这一本不属于任何个人的公共资源转化为商业价值。然而要从概念上理解如此挪用的含义绝非易事。通过建设数字图片数据库来把握城市公共形象的方式与历史上对公共空间的挪用(例如在工业资本主义原始积累阶段,将农民赶入城市工厂的圈地运动)完全不同。按照本克勒(Benkler, 2006)的说法,数字影像属于"非竞争"商品。谷歌可以说谷歌街景建设自己的数据库并不妨碍其他人(如苹果公司)也建设自己的城市街道数据库。另外,历史上也是第一次有条件建设这样数据库。所以谷歌也可以认为自己只是进入这个领域的"第一人"。[29]最后,出于非商业化目的使用数据库都是免费的。这意味着许多人会按其宣传框架将谷歌地图或谷歌街景视为某种公共服务而非私有商业平台。

从所有这些方面看,谷歌地图代表了典型的"操作的档案"(operational

archive)。与传统的文档不同，第一，操作的档案可以在使用过程中同时被开发建设。沃尔夫冈·恩斯特(Wolfgang Ernst)将这种变化表述为“从归档空间到归档时间”或“从档案作为实体库到作为持续数据传输”的变化(2004)。第二，档案部分向用户免费开放。广泛且分散的使用构成了档案对于平台运营商所具有的商业价值的基础。操作的档案不只是信息源，更是搜集用户信息的重要工具。从这个意义上说，我们或可将谷歌地图视为“诱饵”：谷歌的价值很大程度上来源于他们能够通过鼓励使用来积累更多由用户生成的数据。第三，操作的档案可由用户修改(至少部分修改)。谷歌地图提供了各种入口让用户修改或生产信息。用户可以定制地图，举报问题，使用 MapMaker 工具编辑地图。[30]档案部分还通过应用程序编程接口(API)向第三方开发者免费开放。谷歌地图正因此才成为许多其他网络应用的底层平台。在研究了不少开发移动手机应用的新兴软件公司后，撒切尔认为，“所有的应用都依赖谷歌或者‘开放街道地图’(Open Street Map)提供的地图信息”(2014：1772)。[31]

虽然谷歌地图支持地图修改和用户生成信息的“自下而上”的策略表面看与“开放街道地图”的开源数据哲学相似，但这种相似十分表面。[32]谷歌地图的底线在于所有经过处理的数据(包括用户生成的内容)都归谷歌公司所有。对此，谷歌表示封闭式的生态系统是为了确保更高的准确度和效率，包括更快地改正错误的能力。[33]麦克伦登(McClendon，引自 Rushe，2012)提出：“我们正在尽可能准确地创造出一个版本的世界。”和其他智慧城市平台一样，谷歌正努力将越来越多的信息流(包括运输交通信息)整合到地图平台上。最终目标是为了创造一个实时的动态城市。

我此处关心的倒不是“地面实况”系统的效率和效果问题。本书更关心的是，在特定历史时刻，当数字地图成了组织整合其他数据流和各种城市生活服务的关键时，(少数几个)商业公司开发出私有的数据库用以绘制世界城市的“深度地图”，这样的状况会产生怎样的后果。开发这样的“深度地图”将这些公司置于权力巨大的位置。如果地理媒介带来的变化使这种趋势占据主导的且不容置疑的地位，那么它们也为全面利用城市(包括社会交往、传播和同时性)作为价值生产的技术创造了结构性条件。当城市生活中像在城市中漫步或与朋友们保持联系这样的根本性的方面都需要经过营利性数字平台的中介，商品化逻辑对日常社会生活越来越多维度的掌握控制就越来越紧了。在数字化环境中，像赶上公车、与朋友聚会这样的微观行为都被自动地记录下来。每一次的交易、旅行、电话和点击都成了评估和搜集的符号，很显然资本主义从城市生活中攫取剩余价值的方式跨入了新的阶段。正是在这些方面，谷歌地图和谷歌街景代表了被哈特和奈格里（Hardt & Negri, 2009）称为“生物政治”（biopolitical）的前沿，拉希（Lash, 2010）称为“高强度的文化”（intensive culture）；而斯蒂格勒（Stiegler, 2011）称为“超工业主义”的状况：生活的所有元素都有可能通过数据搜集成为新的价值创造形式。

大概20年前，美国法学教授杰里·康（Jerry Kang）在一篇很有影响力的文章中对比了互联网监测的水平与公共空间中被认为“正常”的情况有什么区别：

> 想象一下去实体商场和虚拟商场的情况。去实体商场你先要开车去商场，浏览不同的商店，并走过商场的通道。一边走一边可能用现金买个冰激凌，或者去某个书店随手翻几页杂志。最后，你可能在服装店停下来用信用卡给朋友买一条丝绸围巾。在这个叙事中，很多人会在沿途与你交流并获取关于你的信息。例如，你走在商场里时其他顾客哪怕只是为了不撞上你，都会用视觉收集关于你的信息。但这样的信息是一般性的：信息不设定搜集具体的地理位置和时间；信息的格式不能由电脑处理；没有与你的姓名或其他身份标识关联起来；而且信息存储在人们的短期记忆中就稍纵即逝。你仍旧保留了不大受注意的陌生人身份。唯一重要的例外是信用卡消费：你用信用卡购买围巾时，产生了具体的、可以用计算机处理的、与你的姓名关联起来的长期存在的信息。与此对照的是在网络空间，例外的情况成了常态：每一次交往和交易都变得与使用信用卡买东西的情形类似（1998：1198）。

杰里·康认为，大多数城市中生活的居民都不会接受商业化互联网出现初期对用户信息的跟踪和记录。但随后人们并没有改变网络数据收集的方式。相反，地理媒介使得这样的实践逐步扩展到公共空间。如尼森鲍姆和瓦内利斯（Nissenbaum & Varnelis）所说：

> 非但没有用物理空间的自由来规范网络，杰里·康描述的网络空间的状况看上去反而越来越多地被复制（或作为地图绘制）到了物理空间。社交网络、物联网、泛计算、RFID、GPS装置、位置跟踪系统技术（例如Footpath所用的技术）以及通过人肉搜索确定身份等实践都证明了这种反向的扩散。风险投资人哈里·韦勒（Harry Weller）最近接受采访时说，“不是我们上网，而是网络规定了我们”（2012：16）。

这些后果是否无法避免？这些领域的变化非常迅速，牵涉复杂的法律和文化反应，也并非没有人对无处不在的数据收集提出质疑。正如谷歌街景的例子证明，将城市生活转变为数据总是充满争议的。虽然围绕着“大数据”有许多神话迷思，但很显然，许多人不喜欢商业化数据收集对于社会生活愈演愈烈的深度殖民——至少如果他们能够意识到这种殖民的话。比较一下类似Foursquare这样不同的位置社交网络会有所启发。Foursquare诞生于2009年，在2010年前后曾一度成为网上最热门的应用。Foursquare结合了城市游戏和社会方位，并依赖“签到”（check-in）模式让用户报告自己的位置。但是它的迅速发展停滞下来，公司最终分裂为一个推荐服务和一个位置分享服务。[34]在2010年推出、次年就被解散的“脸书地方”（Facebook Places）也有着相似的命运。[35]“谷歌纬度”（Google Latitude）服务在2013年年中也“退出”了市场。虽然“签到”和“位置共享”功能仍旧被保留下来（如Google+），但看上去当新鲜感褪去之后，对很多人来说这些功能会变得费事且烦人。

Foursquare有不少隐私和安全问题的负面报道。例如在2010年2月出现了名为“请抢劫我”（Please Rob Me）的网站。这个网站从Foursqure推送的推特的公开内容中扒下记录了当时不在家的用户的信息（McCarthy，2010；Wilken，2012）。同样让人担心的是包括“我身边的女生”（Girls

Around Me)在内的一些“非法跟踪”应用。“我身边的女生”由莫斯科的i-Free公司开发,将Foursquare的位置数据、谷歌地图的数据和脸书的个人档案数据结合起来,向用户展示地图报告周围有哪些女生使用了Foursquare软件。通过扒取脸书个人信息数据,“我身边的女生”能够提供关于女生的年龄、相片、个人兴趣等信息。记者约翰·布朗利(John Brownlee,2012)评论说:

> “我身边的女生”利用谷歌地图、脸书和Foursquare公开的API将这些数据叠加起来。用户可以看到哪些人在自己所处的位置登录Foursquare,并更多地了解她们的信息。虽然“我身边的女生”中出现的所有人都可以选择不向陌生人提供自己的信息,但也许是出于无知、懒惰或无所谓,大多数人并没有这么做。这些都成了公共信息。

虽然布朗利说“我仍然相信这个应用并没有做错什么”,但接下来的事情发展很快就迫使Foursquare修改了自己的API设置。[36]“我身边的女生”是被撒切尔称为“嗅取数据烟雾”的应用,它们汇集并重组像谷歌地图那样其他的“基础服务”已经收集的信息。“我身边的女生”可能对于Foursquare而言有些过头了。但很少有人意识到这个应用只是将其他流行的服务日常捕捉的信息汇聚起来而已。其中的关键是布朗利所说的“公共信息”的含义正不断发生变化。这有可能与服务条款的变化相关(例如脸书常常改变默认设置,以求将其用户基础转化为经济利益)。也有可能与新的数据分析能力有关。谷歌街景图片数据库不断增强的战略重要性就像脸书上大量用户生产的照片档案一样,代表了后面一种情况。

地理媒介的发展预示了怎样的城市未来?本章中,我提出类似谷歌街景这样的服务显示了后民族国家时代新兴的城市形象:全球企业而非国家扮演了更重要的角色;个人的移动和具体的街道不只是被记录;城市数据在全球数据库平台的操作的档案中不断积累。如果说谷歌街景生产的图像呈现了一个彼此连接的世界,那么这样的图像具备了具体特征:城市可以被用户搜索,而搜索行为本身又为私有平台生产出新的数据流。如此,城市不再只是列斐伏尔所说的“社会交往、同时性和差异性”的领域，而成了海德格尔（Heidegger, 1977）所说的“常备的存储”，只是被存储起来的并非自然而是数据。

只要像 Foursquare 这样的软件提供更多的连接，它们就会显露出控制城市经验的意向。类似“远程结茧”实践（用移动设备在公共空间划定私人领域）那样（Habuchi, 2005），基于位置的网络服务也提供了过滤与他人交往的功能（Frith, 2012）。虽然我们不能夸大这种趋势，但就像桑内特（Sennett, 2012）所说的与各种各样的人进行公共交往的可能性对于人们培育社会技能、维持当代城市生活至关重要。我们在寻求便利性和控制的同时，需要警惕不要将对社会交往的管理权让渡给软件。在最简单的层面，比如说使用了个人定制的数字导航系统之后，人们就不需要向陌生人问路。像问路那样接受或给陌生人建议的社会技能和日常活动逐渐被“智能设备”取代。作为风险，在我们最需要这些能力的时候，与陌生人在城市中共处所必需的能力却已经慢慢萎缩了。

如今在使用数字技术的过程中，这是很常见的情况。个人的便利高于一切，而更长期的问题，比如丧失城市中彼此之间的善意和乐趣反倒被人忽视。商业数字平台常常采用死板的数据管理模型，用户要么干脆弃而不用，要么就不得不为了获得服务而全面牺牲对个人信息的权利。这种死板的数据管理加剧了不平衡。通过更细致的设定来保护“场景隐私”（contextual privacy）的做法并不常见。这种野心勃勃的框架契合了如今将城市交往转化为无处不在的营销机遇的趋势。商业中心的控制环境被扩散到整个城市。但是如果我们想要更为多元丰富地应用地理媒介在传播和地点制造方面的能力，我们必然需要其他的发展。

我现在就来讨论这些其他的发展。虽然集中讨论像对数据和私有平台的控制等此处论及的话题也很有必要，但很显然需要超越这些“应对式”的反应。取而代之，我们需要想象和探索城市传播在基础设施方面的不同议题。在下面两章，我将集中思考如何实现这些可能的新模型。

3

参与式公共空间

重新思考公共空间中的参与

谷歌街景为商业平台如何重构网络化公共空间提供了有力的洞见。但这并不是地理媒介唯一的可能性。本章我将探讨艺术家们最近如何利用数字媒介“在街道上”进行创作。我希望以公共空间的当代数字艺术作为视角，突出地理媒介建构更多“开放的”城市场景，支持各种在公共场合“与他者共处”的实验形式，简而言之，即被我称为“参与式公共空间”的问题。

在讨论这个问题时需要考虑几个因素。首先，我们必须意识到“参与”已经成了热门词汇。网络化数字传播将交易成本拉到历史最低值，在低成本支持下参与几乎成了21世纪早期的时代精神(zeitgeist)：大家每个人都赞同参与的价值，对参与到底是什么意思却未必有一致的看法。大家对“参与”概念没有形成共同看法并不让人意外。事实上，一个概念对不同人有不同意思可能正是其能够在全球流行起来的条件。但是意识到参与概念像变色龙一样多变的特性并不是说我们应该让“参与”变得完全没意义，或者简单地采用目前最有影响力的定义。与此相反，这意味着我们需要深入地分析以求更好理解参与概念在不同的环境和特定的场景中可能牵涉什么。

集中考察艺术对公共空间的参与既能帮助扩展分析的范围，又可使分析更为具体化。现代艺术已经成为探究数字媒介如何推动与场所、他者、界面和网络化空间建立新型关系的重要领域之一。西蒙·佩妮(Simon Penny)强调，艺术家们不仅仅在实验基于地理方位的互动技术方面已经取得了领先地位，而且也超越了主流的“可用性”框架来重新认识数字界面：

> 在如今计算无处不在的时代，原本被称为“虚拟”的实时数据领域越来越经由各种数字商品被植入具体的物理和社会场景中。在过去25年中，那些支持了虚实重新结合的技术，技术-社会结构以及互动形态

被“媒介艺术”研究等领域通过工作坊和建立模型等形式广为探索(2011：100)。

佩妮还强调，艺术实践常见的实验性具身方法也打开了关键而其他学科无法触及的研究方向：“由于艺术家对感官的直接性和具身参与比较敏感，互动艺术实践率先研究了其他机构化和商业实验室长期以来从未涉足的互动维度。”(2011：78)探索对于实验性界面和技术系统的具身参与对重新思考公共空间作为数字环境的重新构成而言十分重要。

其次，我们需要意识到如今与数字媒介相关的“参与”观念也并非全新。这一概念如今常常会再现从过去场景沿袭而来的矛盾和张力。弗朗索瓦·特吕弗(François Truffaut)在 1966 年基于雷·布拉德伯里(Ray Bradbury)在 1953 年写的小说《华氏 451》(*Fahrenheit 451*)改编的电影中，有一个有趣的场景。电影场景中，主人公蒙泰戈(Montag)(一个负责焚书的消防员)看着他的夫人琳达(Linda)参与每晚的“远程话剧”。当晚的话剧为琳达专门设置了角色。事实上，琳达和一群同样安静的观众一起根据提示和剧本读出单个词语的问题答案。这场景让人不由得想起纳粹过早地利用广播直播节目举行新型大众仪式时的情形：超过百万人聚集在不同城市公共空间的大喇叭之下，和领袖的副手鲁道夫·赫斯(Rudolph Hess)一起宣誓向领袖效忠。[1]同纳粹的仪式不同，《华氏 451》电影中远程话剧的“参与者”们实际上并未在公共空间聚集，他们实际分散地孤立在各自家庭名义上的私领域。若特吕弗针对的部分是被居伊·德波(Guy Debord)视为景观社会(spectacular society)最主要后果的分隔，翁贝托·埃科(Umberto Eco, 1984)将此描述为“新的远程观看”，电视对个人受众“直接说话”的修辞掩盖了广播电视单向传播的结构。

认为网络中“多人对多人”的传播结构改变了一切的想法很诱人。然而虽然很多人预言了数字网络时代文化和政治领域会不可避免地发生“民主化”，但实际情况显然更为复杂。如我在第一章所言，网络并非总是“多人对多人”的传播，双向交流也并非必然能形成“对话”。[2]突出“受众参与”已经成了如今各种媒介平台的商业战略，要将媒介内容的生产与教育、创意和民主领域发生的更深层变化直接关联起来变得更为困难。[3]受众生产力的增长不但没有否定斯蒂格勒(Stiegler, 2011)描述"超工业化"环境中消费和生产的整合,反而恰恰构成了其前设条件之一。

再次,我们要意识到参与一直以来就是公共空间的核心要素。但我在第一章中已经强调参与并非事先给定也远不仅仅是单一维度。公共空间一直以来就存在多个层次并充满了各种竞争以及可见或不可见的种种阻碍。故此,公共空间的参与需要从不同层次上进行思考:可以关涉管理资源配置和行为的正式法规,建筑设计和城市规划领域的决策,以及经济社会特点和文化规范对个人或集体的塑造。所有这些因素共同决定了个人或群体是否能对公共空间产生归属感,并影响他们是否进入、占领(或避免进入)并在特定空间行动(或者退出行动)的能力。

很久以来,设计师就明白,如果公众能(甚至是逐渐地)改变环境,环境会变得更有吸引力和亲和力。社会学家威廉·怀特(William Whyte)研究了公共空间的社会动态后发现,一系列因素能使公共空间变得更为"好用",包括公共座位、食品供应、官方或非官方对公共空间的协调,以及是否有街头艺人等吸引人的元素等。在这些具体元素之外,吸引人的公共空间最重要的特征是需要在设计上有一定程度的开放性,允许用户在一定程度上重新设置空间。从这个视角看,怀特认为,固定的单人座位常常体现了"设计"上的自负(1980: 35)。如果能够允许游客移动公共座位,哪怕是几厘米的移动都会形成城市公共空间中难得的"挪用"仪式。

很小的改变都会造成差别。地理媒介为改变和调整城市环境提供了很多可能性,大到利用大数据"优化"城市环境的智慧城市战略,小到对具体地点和社会交往进行的小规模干预。按萨森(Sassen, 2011b)的说法,正是这些细微但积累性的改变逐渐创造出不同类型的智慧城市:有能力对不同的反馈流作出快速反应的开源城市。

> 我们可以想到开源城市向市民还嘴"言说"的各种方式:各种各样源于底层的细微变化与干预部分构成了城市。每一个细微的干预单独看上去并没有什么了不起,但所有汇聚在一起就能够赋予城市的不完

整性以新的含义。这种不完整性使得城市具有更长久的生命力，并因此超越其他更有权力的实体。

历史告诉我们，建筑师和城市设计师们希望创造范克和史蒂文斯（Fanck & Stevens, 2007）所谓的"松散空间"的想法在现代实践中很难实现。从20世纪60年代开始，就有很多试图将"公共"整合进规划过程的尝试。[4]我对此的兴趣在于探究在地理媒介的背景中，现代艺术实践如何刺激我们重新思考公共空间的"参与"。换句话说，我并非只是聚焦于在萨森的"向城市言说"的渠道以求与权威建立更好的反馈弧。我感兴趣的是，如何利用数字媒介创造"成为公共"（becoming public）新体验的可能性：这种新的体验在数字网络、具身行动者与城市空间的交集上涌现出来。

列斐伏尔和桑内特等人认为，在公共空间"与他人共处"的体验对于培育公共文明十分重要。鉴于此，我提出"艺术"如今成了培育新型城市交往的重要领域，其中各种社会关系最受影响。这样的观点取决于转变对艺术的理解，不仅认识到艺术实践与社会运动之间越来越紧密的关联，更认识到艺术实践与日常生活之间历时性的融合（Holmes, 2007）。现代艺术的项目不再满足于简单地"反映"社会，而是常常试图通过对话、互惠和合作等形式来实现"社会性"。就像尼科斯·帕帕斯特吉迪斯（Nikos Papastergiadis）所说：

> 艺术既能小规模地干预日常生活中的社区实践，又发展出不少意在激活公共领域的大项目。艺术已经成了重构社会的媒介。艺术如今构成了大都市理念经由视觉形式和集体社会运动形式进行物质化实现的方式。……这一变化迫使我们不仅考虑艺术如何"再现"世界的状况，更包括艺术如何帮助我们以另类方式想象我们对世界的参与（2012：14）。

当代艺术实践的转型产生于艺术家们不断探索城市"场景"边界和社会关系变迁更为漫长的艺术史。接下来我将回溯20世纪50年代末国际情境主义作品中这些趋势的出现，以及作家和博物馆馆长尼古拉斯·伯瑞奥德（Nicholas Bourriaud）在20世纪90年代末对这些作品的重新认识。另外，我还借鉴了翁贝托·埃科在20世纪60年代提出的“开放的作品”的概念来分析网络化数字艺术的具体特征。这些讨论旨在为基于“爆炸理论”（Blast Theory）和拉斐尔·洛扎诺-亨默（Rafael Lozano-Hemmer）的作品，分析公共空间中数字艺术实践的具体案例提供背景。如果说我更宏观的旨趣在于理解地理媒介支持更好的“参与式公共空间”方面所有的潜力，我分析具体的艺术项目和作品是为了更好地理解“参与式公共空间”的概念究竟意味着什么。

城市参与和“情境建构”

列斐伏尔在1967年定义“对城市的权利”时表示，“参与”是实践重要的有机组成。“对城市的权利”表现为更高形态的权利：这是对自由，对社会化过程中保有个性化，对居住地和居住的权利。“对城市的权利”意味着参与、挪用（而非排他的所有权）和对城市作为艺术作品的权利（Lefebvre, 1996：173-174）。然而，列斐伏尔也提出历史上存在对“参与”的盲目崇拜：参与的意识形态在实践中让我们以较小的成本获得了利益相关民众的默许（1996：144-145）。许多当下关于城市参与的讨论都涉及实践与理论之间的张力（Brownhill & Carpenter, 2007；Finn, 2014）。对列斐伏尔而言，真正的参与意味着基于自我组织和自我管理能力的新的居住实践。城市生活的复兴需要“整合和参与的能力”。威权方式、行政命令或专家干预都无法激发这种能力（1996：146）。

关键的是，“居住实践”的概念必须超越主导功能主义城市概念的“工具理性”。取而代之，列斐伏尔将城市生活的集体生产整体视为艺术作品。但列斐伏尔对“艺术”的理解与小资产阶级的理解存在本质上的不同：“用艺术为城市服务并不是说要用艺术作品装点美化城市空间。……相反，我的意思是城市时空本身成了艺术作品，而传统艺术需将自身作为对时空进行挪用的模型和灵感源头加以重新思考。”（Lefebvre, 1996：173）将城市视为艺术作品改变了我们怎样理解艺术以及谁能够被称为艺术家。列斐伏尔想象在未来每个人都能创造艺术。“除了再现、装饰和点缀之外，艺术成了整个社会范围内的诗化实践”，在城市中生活的艺术成了艺术的作品。从这个被拓展的视野看，“艺术的未来不是艺术而是城市”（1996：173）。

这种对艺术更为宽泛的看法被情境主义国际（Situationalist International，SI）分享，并成为他们对城市进行批判的关键。[5]在情境主义国际小组1957年的成立宣言《情境建构报告》中，居伊·德波写道：“改变我们如何看待街道的因素要比影响我们如何观赏油画的因素更为重要。”（Knabb，2006：42）为此，“情境建构”代替了狭义的艺术。德波对建构情境广为人知的定义强调了几个特点，包括稍纵即逝性、强烈的情感投入以及环境与行为之间不间断的反馈：

> “情境建构”是我们的中心观点。也就是当下时刻生活环境的具体建构以及将其转化为更高层次情感特质的过程。我们必须基于两个不断发生复杂互动的因素来做出系统干预：生活的物理环境以及由环境产生并激进地改变环境的各种行为（Knabb，2006：38）。

强调物质环境与情感行为之间的关系不仅将建构的情境与更传统的政治实践区分开来，更突出其作为一种理解当代网络化城市日常生活的方式所具有的潜力。

情境主义国际热切地希望社会发生全面的转型。比较独特的是，他们坚持认为这种社会转型简单地靠控制国家机器无法达成（这也不是简单的任务），更重要的是个人和群体在情感和心理上也要同时发生相应的转型。改变个人与集体的关系对于个人和集体的转型而言必不可少。[6]第二个独特之处在于艺术家们对“异化”的强调。他们所说的“异化”不仅指工作条件带来的效果，更典型的包括雇佣劳动与被管理的空闲如何被缩减为一个单调乏味的整体存在的两个部分。从这个角度看，“枯燥乏味”成了关键的政治问题。针对日常生活成为惯例后的平庸无聊，情境主义国际寻求更圆满和更加充满激情的生活，而不仅仅是为了实现传统的革命目的。如德波所说，“最主要的目的必须是为了将生活中不平庸的部分加以扩大，尽可能减少生活中的空白时刻”（Knabb，2006：39）。

这些想法会影响城市的未来，城市也是实现这些想法的路径：新环境的建构“既是新形态行为的产物也是其实现的途径”（Debord in Knabb，2006：36）。为了达到这个目的，情境主义国际寻找通过体验城市而获取新的“数据”。这就需要借由实验性的新技术，如 dérive，来获取对现存城市环境的洞见，并进而积极地创造出新的环境。[7]

建构情境的最终目的是产生新的参与实践。如果对德波而言，景观最主要的特征是其被动性，那么情境建构就需要指向新的行动实践，也就是生活：

> 情境建构一开始就超越了现代主义景观的残壁断垣。很容易看清，景观“零干预”的原则与旧世界的异化状况之间紧密相关。与此相反，最为相关的革命性文化实验追求破除观众们对英雄的心理认同，以便激发其将自身生活革命化的能力来推动他们采取行动。故此，情境是为建构者生活其中而设计的。被动的或者部分的“公共表现”扮演的角色时刻在减少，而那些不能简单称为行动者的新的意义上的“生活者”们所起的作用却在不断增加（Knabb，2006：40-41；我的解释）。

此处的关键转折在于公众不再是旁观者、小角色或观众。借用布莱希特的（Brechtian）异化或疏离（间离效果）的概念（这些概念试图打破剧院中传统的观看认同模式），德波把注意力投向了自我组织的城市情境建构艺术，这些情境的建构者“生活其中”。就像康斯坦特（Constant）后来对其想象中的实验性城市“新巴比伦”的描述那样，居民在城市生活的过程中设计并建设城市。新巴比伦的居民在他们自己设计的场景中与其他居民一起共同继续设计并改变城市。艺术就存在于他们的生活之中（1998：135）。

这种想象与列斐伏尔基于居民对城市的利用将城市视为艺术作品的观点十分相近。然而，历史的变动和参与性城市在过去有限的成功使人们对这种“艺术性”提出了质疑。将“空间”留给公共参与不可避免地会带来各种困难，常常充满风险。城市规划中关于参与的修辞很容易就成了维持现状的借口，而真正的公共协商却常常事先就被缚手缚脚（Copeland, 2008）。更糟糕的是，有些 DIY 自助社区项目竟然成了国家逃避责任的说辞（Blackmar in Low & Smith, 2006; Finn, 2014）。原有城市空间的历史传承以及传统的思考行为方式都意味着很难一厢情愿地创造出新的城市生活艺术。新的行为需要新的结构（机制和场合）和新的思维方式，但这些部分也需要从新的实践中才能浮现出来。这样的循环逻辑意味着虽然情境主义国际对这方面的需求并不重视，但确实需要有“中间过渡”的阶段、空间和概念。[8]另外，不对新型城市的形态和细节做出具体的描绘也可能削弱其对公众想象的影响。萨德勒（Sadler, 1998）在总结对情境主义国际的研究时提出，情境主义国际被边缘化部分是因为他们“极其激进的姿态”：他们拒绝给出乌托邦式的描绘，更愿提出一般性的启发，却把细节交给可能的用户。最后，我们也需要意识到，如果在另类替代性的环境被培育出来之前就简单化地废除所有对城市规划现有的规定，那么城市可能会被市场力量而非被公众所利用。[9]这样的历史提出了在当下也有意义的关键问题：怎样才能从过分指定式的城市设计规划观念转变为不完整且有待完成的城市空间规划理念，为公众对公共空间的利用留下更多空间，而非在公众还没有准备好接受“参与”的责任时，就过早地把所有事情一股脑地丢给他们？

作为开放的作品和社会交往的艺术

到 20 世纪 60 年代中期前，情境主义国际驱逐了所有的艺术家成员，同时不再将艺术视为城市政治干预的可行形态。但这些思想非但没有消失反而在当下变得更为重要。这种变化受到两个方面的主要因素的影响。首先是从 20 世纪 60 年代早期开始，按照翁贝托·埃科的“开放的作品”概念，艺术作品越来越多地被理解为开放的、过程性的和“可重新编程”的。其次是根据尼古拉斯·伯瑞奥德（Nicholas Bourriaud, 2002）在 20 世纪 90 年代末期提出的“关系审美”概念，认为当代艺术能够生产出情景化的社会交往。

翁贝托·埃科的《开放的作品》（*The Open Work*）1962 年第一次以意大

利语出版。该书率先提出作者在后期作品中及其文化理论总体上更为关键的两个主题：文化生产的多元性和多义性，以及受众作为文化生产者的积极作用。埃科并不认为当代艺术的开放性是全新的现象。他认为，所有创造性的艺术作品都有一定的开放性，都表现为包容多样化的解释。真正不同的是现代艺术存在的环境。埃科提出，当代科学世界观提供的独特的知识环境催生了新的意义诠释范式。科学开始了激进形式的发问，通过认可不同真理或者不同的有待证实的概率之间的共存，挑战了既有的权威。埃科认为，当代艺术的开放性属于不同的秩序。传统艺术受到更多限制的开放性被更不稳定的无限诠释代替：

> 只要是开放的作品就是无限的。因为开放的作品中，模糊暧昧的世界代替了基于普遍规则的有序世界。这种模糊性从负面来说指方向上中心的缺失，从正面来说指各种价值和教条不断地受到质疑(1989：9)。

如果说埃科的观点多少将科学理想化了，他进一步提出有些艺术作品“拥抱”了新的开放性。埃科提到了亚历山大·考尔德(Alexander Calder)的移动艺术、卡尔海因茨·施托克豪森(Karlheinz Stockhausen)的音乐作品和詹姆斯·乔伊斯(James Joyce)与贝托尔特·布莱希特(Bertolt Brecht)等作家的文本。他认为，所有这些“运动中的作品”都体现了艺术家决定将作品部分构成元素的安排，或者留给公众或留给随机概率。艺术家的决定使得作品的秩序和内容没有了终结性特点，并允许或要求公众更多参与作品的创作过程。在此过程中，更为激进的“不完整性”取代了传统艺术作品受到更多限制的有限多义性。借用杜尚(Duchamp)在《大玻璃(1915—1923)》(Large Glass [1915-1923])中的描述，每一件“运动中的作品”都处在“确定的未完成状态”(definitely unfinished)。就像埃科所说：“每一次的艺术表演都解释了剧本而非穷尽了剧本的所有可能。每一次的表演都创造了作品的一次实现，但每一次都构成了对同一作品其他表演可能性的补充。”(Eco, 1989：15)如我下文所说，埃科的概念为理解当下的媒介艺术提供了相关的框架。当代媒介艺术通过技术系统，利用多种反馈和反复循环的回环将艺术家和受众更为紧密地联系起来。

虽然埃科的概念的提出最初针对20世纪二三十年代的艺术作品，但“开放的作品”的概念在被露西·利帕德（Lucy Lippard，1973）称为“艺术品非物质化”完成之后出现也非偶然。从20世纪50年代后期开始发生的一系列运动（从艾伦·卡布罗[Alan Kaprow]的“发生”[Happenings]到表演概念艺术、弗拉克斯[Fluxus]和新实体主义者[Neo-Concretists]的活动、20世纪60年代中期出现的视觉艺术等）共同推动了艺术实践的重大转型。当艺术作品不再主要由已经完成的客体或图像构成，也并不一定全由专业的艺术家创造，我们对于艺术的理解也就发生了变化。埃科的“开放的作品”的概念捕捉了艺术向更为开放的过程的转变，牵涉参与、合作，甚至是与受众各种形式的共同创作。

到了20世纪90年代，这种参与已经成了新的常态而非例外情况。尼古拉斯·伯瑞奥德在1998年提出，人们对艺术的理解发生了一个更为重要的变化。伯瑞奥德观察到“参与已经成了艺术实践的一般特征”（2002：25），他描述了包括里克力·提拉瓦尼（Rirkrit Tiravanija）、瓦妮莎·比克罗夫特（Vanessa Beecroft）、毛里齐奥·卡特兰（Maurizio Cattelan）、皮埃尔·于热（Pierre Huyghe）等现代艺术家的作品。然后，伯瑞奥德问道：“如果不借助60年代传统的艺术史，该如何解码这些难以把握的过程或行为艺术作品呢？”（2002：7）伯瑞奥德认为，早先的现代主义艺术与当代艺术的差异在于作品多大程度上开始聚焦于社会交往过程本身。“关系艺术的各种可能（将人类互动及其社会内容作为理论视野的艺术形态，而非强调独立和私人的象征空间）指向了现代艺术审美、文化和政治目标的激进变化。”（2002：14）

在伯瑞奥德的框架中，有一些元素对于思考当代数字媒介艺术如何支持对公共领域的干预十分相关。第一，他将“关系艺术”的出现设定在被各种实时传播网络勾连起来的全球城市文化聚集点上。正是城市支持的“高强度的交往”（intensive encounters）创造出以主体间性为基础的新的艺术形态，“共处”成了其中最为重要的主题（2002：14）。第二，考虑到无处不在的数字媒介以及对公共财产和公共空间广泛的私有化塑造了全球社会，伯瑞奥德认为，艺术无论如何构成了全球社会中的缝隙：（至少部分）摆脱了资本主义主导的活动领域。与“额外的社会”(society of extras,从德波的景观概念衍生而来的概念)中理想主体被缩减为对时空的消费者对比,伯瑞奥德(2002:9)认为,艺术仍旧保留了对这种关系进行发问的批判能力。他认为,“艺术实践如今成为社会试验的沃土,就像不受统一行为模式影响的保护区”。他提出,关系艺术“创造了自由的时空,其节奏与将日常生活结构化的时空形成了对比,并推动了与强加给我们的‘传播区域’迥然不同的人际交往”(2002:9,16)。第三,伯瑞奥德认为,主体间性是关系艺术的原材料,主体间性与当代艺术的关系可以类比大规模生产与波普艺术和抽象派艺术之间的关系(2002:42)。关系艺术家们的意图并非为了创造出已被完成的图像或客体对象,而是为了激发新的社会交往模式。从这个角度看,关系艺术不是对交往的“反映和呈现”,而恰恰构成了发现交往的空间。伯瑞奥德评论说:

> 艺术作品的作用不再是为了形成想象中的乌托邦现实,而是为了在既存现实中按照艺术家选择的尺度和规模,实际成为生活方式或行为模式。……集会、偶遇、事件和人与人之间各种形态的合作、游戏、节日和狂欢庆祝的场合,简而言之,所有的交往和关系形态如今都会被当作审美的对象来看待(2002:13,28)。

伯瑞奥德认为,艺术能够部分不受霸权价值影响的观点不能被作为通用的普遍原则来理解,而是需要放到具体干预的场景中加以检验。值得注意的还有他提出关系审美发源于情境主义的实践,并提出形成“关系世界”和社会裂缝的艺术作品更新了情境主义并尽可能调和了其与艺术世界的关系(2002:85)。“尽可能”的说法不可避免地带来了各种争议和矛盾:恰恰是调和在表面上的不可能使德波在20世纪60年代早期的立场更为坚定。无论如何,伯瑞奥德阐明的变化说明当代艺术越来越致力于建构特定的社会场景(或者说探索与他人共处的动态行动模式),帮助我们理解公共场合中现代数字艺术最引人注目的案例究竟意味着什么。这些作品常常就属于埃科所说的“开放的作品”,能够带来多种多样且反复循环的后果,并创造出新的社会交往体验和实践。这种“艺术”多大程度上能作为生产新型公共空间的“过渡实践”而发挥作用？

作为社会技术交往的关系艺术

2010年6月4日，墨尔本联邦广场上举办的年度“冬日之光”庆祝活动时打开了一个人造太阳“太阳等式”（Solar Equation）的开关。“太阳等式”是按1∶100 000 000的比例设计的太阳的等比例模型。它由一个直径14米的球形航空器（一个静止的气球）组成，球体内被填充了氦气和冷空气，并升到18米的高度。然后，模拟太阳表面的视频通过投影机被投射到气球表面。这一引人注目的作品是艺术家拉斐尔·洛扎诺-亨默（Rafael Lozano-Hemmer）从20世纪90年代开展的一系列“关系建筑”项目的一个部分。[10]“太阳等式”项目体现了“关系建筑”系列的不少特点元素。第一，作品通常都是临时架设在各种公共空间而非处于艺术馆物理和机构范围内的装置。第二，虽然数字技术的可供性以不同方式扩展了这个概念，但作品都被有意地设计为埃科意义上的“开放的作品”。第三，作品应用了多组数字媒介（包括视频、感应器、投影设备、追踪技术、机器人技术、计算控制等）来建构场景化的实验性界面，供公众以各种不同的方式参与。第四，作品都聚焦于在环境中产生和实现的各种社会关系。

以“太阳等式”项目为例，作品的开放性至少体现在两个方面。一是视觉内容生产的动态模式。投射到人造太阳表面的图像组合了空间站实时拍摄的图片以及三层复杂的数学等式。五个彼此协调好的投影仪实时将这些图像投射到气球表面。正如洛扎诺-亨默（2010）所说：

> 这不只是循环播放的视频图像，我们投射到气球表面的是SOHO和SDO卫星实时拍摄的视频材料，并在上面叠加各种能忠实模拟太阳表面运动的数学等式。我们用数学重现了永远无法复制的复杂系统。……我常常说，这些作品（以太阳等式为典型案例）更接近动态的喷泉而非电影。它们既没有开始，也不会结束，只是一直在那里的影像流动。[11]

这一作品利用软件和算法构成了复杂的系统，生产出不可重复的“奇点”。洛扎诺-亨默认为，这种创造性过程必然意味着作者要让渡一部分控制：

> 通过利用非线性数学(如细胞自动机、概率后果、递归算法、混沌策略等)，确实可能写出结果让作者都意料不到的程序。也就是说，机器能够获得一定的自主和表达，因为作者只是设定了最初的“算法条件”却没有事先规定结果。对我来说，这是让人满意的后人文主义。这样的情况让人更为谦卑，但同时也使“作者”的地位发生了危机，打开了更多的问题领域。对此，我张开双臂表示欢迎(2005：5)。

这种开放的作品并不生产已完成的客体或图像。相反，作品最好被界定为“各种可能性的场域”。借用实验物理学的说法，各种各样的力量在可能性的场域中发生复杂的互动，生成各种事件的可能性，其中只有部分能够被实现。

如果作品第一个层次的开放性与其自身独特的“生成”系统有关，第二个层次的开放性主要牵涉作品如何通过特定机制让观众与作品保持某种互动。洛扎诺-亨默(2010)解释道：

> 我们正在开发软件，使得手持 iPod、iPhone 或 iPad 的观众可以预览等式的内容，理解我们投射到气球表面的各种等式，并通过远程遥控改变等式的一些变量来控制广场上模拟太阳的气球。例如，如果你在你的设备的控制面板上用手指掠过，那么你可以看到模拟太阳的气球表面如何对此作出反应并发生各种变动。所以，用户体验了与模拟太阳的亲密时刻，你知道你在与太阳模拟的关系中获得了主体能动。我并没有过分强调这点，因为与我其他主要关于用户自我呈现的互动艺术作品不同，这更像是项目的一个扩展。

洛扎诺-亨默的说法值得细加阐释。“太阳等式”项目提供的不是对系统整体的控制，而是与之互动的不同形态。用户的能动性被有意地降低：参与者可以生产其他人看得到的各种变动，但这些变动都会随着作品根据软件脚本设定的发展演进而消失无迹。若用户有一定的能动性，那么系统也有一定的主观能动；用户可以影响却不可能推翻系统自身遵循的逻辑。或许很多（如果不是所有）人和计算机的其他互动也是这样的情况。重要的是，该项目没有设定最终或个体要达成的目标和结果。不能用主导商业化技术的“可用性”标准来衡量“太阳等式”项目。项目也没有产生将手眼协调与技术系统结合起来的“生化电子人”（cyborg），如同在多数电脑游戏场景中那样获得更高效的捕捉和杀敌技能。相比之下，审美和算法的组合推动了体验，结果创造了在某个冬天的晚上，与其他人在公共空间一起站在同一个人造太阳之下的共同经验。

“太阳等式”代表了公共空间体验与各种复杂的技术间越来越紧密的勾连。这种勾连产生出更为强烈的情感和审美体验以及工具形式的控制。洛扎诺-亨默（2000：53）自己提到，用电灯激发公共情感的最为臭名昭著的例子作为自己“矢量高度”（1999—2000）（Vectorial Elevation [1999-2000]）项目的先驱：阿尔伯特·斯佩尔（Albert Speer）在1935年为纳粹党在纽伦堡的集会创造过一个“光穹”。这一临时的公共照明设施在设计上是为了对大众产生最大的影响。它有效地将“人民”变成了景观整体的道具。这种意图也常渗透到当代文化。布鲁斯·拉姆斯（Bruce Ramus, 2011）反思了自己为U2等摇滚乐队的体育场音乐会做灯光设计师时发挥的作用，强调了照明作为情感控制的重要技术。

> 在大型体育场的表演中，观众受到了严格的控制。哪怕观众没有意识到对他们的控制，这种严格的控制也是存在的……当你和很多人被聚集在一个地方并一起朝着同一个方向的同一个事物看时，你确实在一定程度上被控制了。……作为控制灯光和视频按钮的灯光设计师，我们在一定程度上能够影响大家往哪儿看，以及他们在特定时刻感觉如何。

由谁来“控制按钮”的问题对理解地理媒介对于城市空间的不同意义十分重要。在《理性化改善巴黎的建议》(1955年发表于字母派国际期刊《庆宴》[Potlatch])一文中,德波和同事们(1955)很久以前就提出“街上路灯都应该装上开关,让人们能按自己的愿望和需求调整光照”(Knabb, 2006: 12)。这个建议与其说是提出可供操作的目标,还不如说提醒人们反思多大程度上国家或大型商业机构控制和管理了像路灯这样的城市设施。如此状况为理解类似“矢量高度”等另类公共照明干预项目的政治意义提供了背景。“矢量高度”项目让公众通过网络界面控制一组功率强大的探照灯,以此设计公共空间的照明模式。“矢量高度”取代了自上而下控制的城市景观,用分散的数字网络使公众有能力(即便是暂时)干预大规模象征性公共空间的样子和氛围。如埃尔基·胡赫塔莫(Erkki Huhtamo)所说:“给网络用户机会来为真正的公共空间创造一次展示,这种姿态强烈地改变了传统公共灯光秀的逻辑。”(Lozano-Hemmer, 2000: 108-111)到2010年温哥华冬季奥运会再度举办“矢量高度”项目时,公众在大约三个星期内完成了超过22 000个不同的设计作品。

洛扎诺-亨默此后通过“脉博前沿”(Pulse Front,多伦多,2006)、“脉博公园”(Pulse Park,纽约,2008)、“铰接相交”(Articulated Intersect,霍巴特,2014)等一系列作品修正了其最基础的理念。所有这些项目都让公众操纵在城市中心公共空间中的探照灯。[12]比起“太阳等式”,后来的这些项目给予参与者更多主观能动性。在反思公众共同创造这些作品所扮演的角色时,洛扎诺-亨默(2009)认为,“若无人参与,这些作品就无法存在”。

参与这样的艺术作品创造转变了城市居民与公共空间的关系以及他们彼此之间的关系。虽然这样的说法很容易被夸大,但反过来若因此就忽视了大规模干预公共空间的体验如何影响公众对于技术基础设施支持城市居住的集体想象,同样也是得不偿失。[13]城市居民开始有可能与其他人一同重新创造城市的氛围。他们不再是被动接受艺术家已完成的城市景观的“受众”。发生在特定场景中的特殊事件或可(以更小规模、更本地化的形态)在其他场景中重演。只要习惯于寻找,新的机遇会在许多场合中涌现出来。

在提出“谁控制按钮”的问题十分重要之后,我现在稍微改变下讨论重点。如果我们只是按照数字艺术提供（或不提供）控制来对其进行评价，那么我们并未理解数字艺术的全部意义。按此标准，光学艺术作品并不提供对城市环境“真正”的控制，故总有不足。如德波所说，这些艺术作品不可避免地创造了“伪政治”的（pseudo-political）时刻。对我而言，最有趣的是洛扎诺-亨默的作品不仅支持了个人和群体新形态的能动性，更促使我们反思主观能动性同时如何与规定性发生重叠：用户身处不受他们完全控制的关系网络中。“自由”与“控制”并非由有意识的选择所决定的二元对立，而是体现了人与非人力量的纠缠关系。有些作品（如“太阳等式”项目）突出用户与技术系统的关系；有些则更强调将身体作为艺术生产的微观公共场所加以动员。所有项目都探索了城市空间中具身体验与中介（网络化）的社会交往体验之间存在的（不）平衡。理解这样的动态为我们探索当代公共空间中“参与”作为社会技术事件的复杂性提供了参照模型。

例如，洛扎诺-亨默的作品“扫描之下”（Underscan，2005）将成千幅“视频肖像”投射到中心城区的大街上和公共空间的地面上。由上往下投射的白色强光使这些“肖像”只出现在周围行人的身影之中。“扫描之下”项目用监控技术跟踪行人的运动，并将肖像“放置”到观众可能的移动路径上。与跟踪技术背后传统的全景监视逻辑不同（建立个人的档案和行为模式数据），该项目中数字技术被用于架构新的社会交往。这样的交往并不只是观看肖像投影那么简单，因为头像在哪儿取决于他者在公共空间的同时在场。我观察到，参与者看到自己身影中出现他人的肖像时，常常充满惊喜或意外。每当有些人乘机模仿暴力行为踩踏他人的肖像投射时，其他人开始讨论这样的行为是否符合伦理。这一作品投放在公共空间的位置对于塑造公众反应起了重要影响。“扫描之下”2008 年在伦敦展示时，洛扎诺-亨默（2009）认为，展示的位置促进了意料之外的即兴创作：“特拉法加广场上晚间本来就密集的人流使这一项目取得了更大的成功。”也就是说，人们仅是从单位下班途中“偶遇”了这一作品，而非有意去特定场合观看艺术作品。

与洛扎诺-亨默其他的作品类似，“扫描之下”也试图向公众展示自己应用的系统。作品每隔 7 分钟就会“重新调整”并向公众展示电子化监测系统的变化矩阵和跟踪技术。洛扎诺-亨默其他的在艺术馆内展示的作品也探索了数字系统与社会交往之间的交叉。比如,“字幕公众”(Subtitled Public, 2005)项目会在每个公众身上投射一个单词标签。这个单词一直会向发光的标签一样“粘”在个人身上,直到个人发现如何将这个标签“转发”给其他人为止。个人需要实际接触他人才能将自己身上的标签“转发”出去。这种接触代表了公众之间新形态的亲密性或感染性。另外,“持续巧合”(Sustained Coincidence, 2007)这样的作品唤起了人们公共交往中被迫接近彼此时所产生的不适感。该作品用追踪系统监测公众的位置和在场,并通过控制光源打开顺序将不同人的阴影投射到位于艺术馆中心位置的墙壁上。当超过两个人进入这个空间,他们的影子不可避免地会重合起来。故此,即便分别站在房间不同角落的陌生人,他们的影子也会通过算法被重合在一起,形成基于算法的公共亲密性。系统规则凸显了“自由意志”的局限性:系统将人与人之间的影子拉近,你越是想要摆脱这种亲密性,这种对自由意志的限制就越发明显。

洛扎诺-亨默在2007年威尼斯双年展中展示的作品“脉博房间”(Pulse Room)更好地体现了数字艺术如何将新形式的参与同系统规则结合之后形成社会技术交往。“脉博房间”将100多个白炽灯泡悬挂在一个空间中。这些灯泡与一个金属雕像上的感应器连接起来。这些感应器能记录接触雕像者的心跳脉搏。当公众触碰这些感应器时,灯泡会根据在场每个人不同的心跳闪烁。每个灯泡展示了每个参与者个人的脉搏。当新的用户开始接触这些感应器时,新的灯泡就会发光。最终,整个空间的灯光闪烁对应着100个人的心跳脉搏,生产出复杂的光照效果。

作为界面,“脉博房间”展示出个人能动性、技术规定性与集体表达之间的交错关系。如此,我认为其形成的场景蕴涵了构成当下公共空间最主要的张力。“脉博房间”支持了人与他者(包括人或非人)之间怎样类型的社会交往?在一定层次上,个人的参与是自由选择。你主动进入某个空间,使用这一界面并与那些你附近的人一起为这一正在被生产出来的作品“添砖加瓦”。人们抓住界面感应器时常常会充满期望地抬头看,希望看到作品中显露出自己独特的印记。有一位来自墨西哥Pueblo的参与者看到白炽灯表现出自己的脉搏时,不禁大声宣称:“我看到了!”

但“脉博房间”作品中的“参与”完全取决于所有的参与者都产生了不由自主的表现。人们抓住感应器之后并不能“选择”如何作出反应：每一个反应都由个人身体与技术系统规则之间的关系构成。相比姓名或照片，心跳更是身体独特的识别标记。如果心跳曾被认为是“内在”的标志，如今恰恰是生物学特征与社会认同之间不容争议的关联支持了现代监控技术向生物测量的转型。类似照片这种传统的身份标志被DNA样本、虹膜扫描等新的数据技术替代。同时，评估测量身体的新的技术可能（举止、运动、呼吸、温度、体态、表情等）正在被广泛地应用于当代艺术以及智慧城市建设。

“脉博房间”与传统的监测逻辑的不同之处在于它对于身体和技术规则的协调。通过将每个身体独特的“秘密标识”转变为可见的影像，“脉博房间”用生物测量标识将不同的个人编织到集体的电子空间中。这不是将个体平均化后构成整体表现，也无需建立每一个人各自的自有画像（profile）。“脉博房间”将个人的自我表达整合为不断变动的集体表达。在这种临时的“集体”中，“共同性”并不以牺牲每个成员的独特个性为代价。相反，临时出现的“集体”与哈特和奈格里（Hardt & Negri, 2004）所说的“多样化人群”（multitude）更为相似，将个性和差异作为与他人关系的基础。成为作品的“部分”对于用户体验至关重要：参与者在此过程中确认了集体的存在。

城市交往的轨迹

2006年，“骑手轮辐”（Rider Spoke）项目邀请市民骑自行车探索城市，车上安装了由艺术家设计的媒介系统为参与者导航。[14]媒介系统向骑手提问（通常是让骑手描述自己，找到合适的地方，观察并评论他人，或者讲述个人过去的经历等）。系统提供了记录体验并“偷偷分享”他人记录的平台。“骑手轮辐”的特殊之处在于其移动特点让参与者只有到达记录被制作和“存储”的特定地点才能获取这些记录。这一作品形成了所谓的“参与式档案”：由在特定城市公共空间中居住的人们创作并获取的档案。

在特定地点提供附加信息的能力是地理媒介形成的重要条件之一。许多艺术家在21世纪早期开始探索位置（locative）媒体（Wilken, 2012），给信息打上地理位置标签的实践迅速兴起。马尔科姆·麦卡洛(Malcolm McCullough,2013)在回顾这段历史时仔细比较了所谓的数字"城市标记"与其他更为传统的基于地点的传播实践(如石雕、壁画和电子图像等)之间的差异。麦卡洛认为主要是时间性上不同。早先的标记方式更慢;它们不仅制作起来耗时更久,而且因为它们被"以硬件的形式缠绕"到具体空间设置中,所以也构成了城市场景更为持久的元素。数字城市空间传播从几个方面改变了原来的实践:依赖背后的数字平台,个人留下印记的速度更快,成本低廉并可随时重新设置。此外,由于作品不占用稀缺的波段、告示牌或建筑空间等物理资源,数字标记有利于提高多样性。对于城市的数字标记有可能为解决围绕城市空间的竞争提供可行的方法:催生出新的"创作"过程,并提供不同层次的内容供人们在不同的具体场合使用。麦卡洛认为:"与电子化赛博空间迥异的新的信息共同体正在城市街道上形成。"(2013:112)

类似的案例不胜枚举。英国的研究团队 Proboscis 创作了名为"城市挂毯(2003—2004)"(Urban Tapestries [2003-2004])的作品,将移动网络技术与地理信息系统结合,支持集体创造本地的社区环境。数字平台允许居民使用包括故事、信息、图片、影像和声音等各种类型的数据层,给不同的地点添加标记。[15]用组织者的原话,项目的目的是为了"使人们自己成为创作主体,而不只是通信公司和媒介集团内容的消费者"。项目的核心在于意识到绘制领土地图或在领土留下标记,以求获得归属感和对环境的把握是人们最基本的需求。克里斯蒂安·诺尔德(Christian Nold)的生物地图绘制(Biomapping, 2004)是另外一个在这段时间发展起来的项目。项目用定制的可穿戴设备测量参与者的"情感波动",并将其与所处地理位置关联起来。[16]受到20世纪30年代英国大众观察运动的启发,诺尔德提出:"可穿戴设备参与者的移动在地图上形成了可以查看的视觉轨迹,轨迹的高度代表了特定时刻穿戴者的生理兴奋度。"(2009:4)个人用户生产出来的数据被汇集起来创造出某个地区的"群体情感地图"。类似的项目预示了"开放街道地图"(Open Street Map)项目(尤其是在英国)的兴起。

地理位置数据还能以其他方式重塑公共空间。比利贝拉里

(Billibellary)的作品“行走”(Walk, 2013)是个智能手机APP应用,能够帮助使用者在墨尔本大学(我的工作单位)行走时从乌伦杰理(Wurundjeri)原住民的视角,[17]想象恢复原来由他们占据的校园空间。借鉴利用文化旅游和艺术行走路线提供另类空间历史的例子,比利贝拉里的“行走”项目主要被设计为一个教育工具。应用重新介绍了大学知名地标(如树木和建筑),并就欧洲殖民“定居”的影响和历史遗产提出问题:在墨尔本大学的建筑环境中能够听到乌伦杰理原住民的呢喃歌咏。作为库林(Kulin)的重要部落,使用Woiwurrung语言的乌伦杰理民族已经在墨尔本大学所在地生活了超过40 000年。

“行走”校园导游的第四站是鲍德温·斯宾塞(Baldwin Spencer)大楼——1887年以大学创始者生物学教授的姓名命名。“行走”应用盛赞斯宾塞“在人类学尤其是在与原住民社区相关领域的学术成就”,同时APP还提醒软件使用者(师生和访客)在学术研究传统中存在着政治立场问题——原住民社群将斯宾塞的研究视为对土著文化和本地知识的误用。目前,原住民社区也提出要求,要求参与并控制与他们自己社区以及本土知识相关的研究。

那些塑造研究传统的力量同样影响了对空间命名的政治,构成了何为历史和由谁叙述历史的争论中重要的组成部分。在澳大利亚,这样的殖民地社会中类似的争议并不罕见。澳大利亚长期以来对于承认多样化的本地原住民对土地的占领和居住就存在着矛盾。我并不是说“行走”这样的手机应用是解决这些顽固历史问题的万灵药。但是墨尔本至今还没有任何永久性的公共设施纪念原住民对欧洲殖民的抵抗运动。在这样的背景下,数字标记提供了可行的方法,开始将这些原住民的历史故事加入公共领域。[18]数字标记的灵活性及其在特定城市场景和地点向公众提供相关信息的能力支持了麦卡洛的说法:“新的设计和文化机遇足以与过去任何一个时代,像电气化这样的技术变化相提并论。”(2013: 112)

但麦卡洛立刻又提醒人们:“(技术变化)带来的文化代价也有可能超过历史上其他时代,甚至超过汽车给城市带来的代价。”(2013: 112)虽然麦卡洛主要指的是信息超载的风险,我们或许可以就此想到市场营销行业如何迫切地向诺尔德提出大量商业策划,对其“情感地图绘制”研究表达兴趣。诺尔德希望新的地图绘制实践能支持对城市空间的呈现作更多本地化的创造和协调,由此产生的数据会被用于为创造数据的市民服务。但也有人希望将这项技术用于牟利:

> 那些用了可穿戴设备行走并看着自己的情感地图随后被视觉化表现出来的人,一开始是既惊喜又迷惑。但用户的正面反应与全球报纸和电视网络在项目开始后对此的关注无法相比。人们带着各种各样的商业应用策划找到我:加州的房产商想要知道欲望在不同地理位置的分布情况;汽车公司想要看到驾驶员们的精神压力;医生希望基于可穿戴设备数据重新设计自己的办公室;广告商想要根据公共情感重新设计城市品牌(Nold, 2009: 4)。

弗里思(Frith, 2012)对技术可获得性差异方面的担心以及我在第二章中提到的数据档案不断增强的“可操作性”(operationality)标志了无法解决的不同张力,可能削弱数字技术对城市公共空间的增强作用。这反过来突出需要继续开放空间,令新的传播实践和城市居住体验在其中涌现出来。为了更好地理解艺术如何有助于塑造城市档案并建构关于公共空间的另类体验,我想重提一下“骑手轮辐”项目。虽然项目鼓励骑手独自骑车,并且系统提示个人进行反思,但项目并非简单地为了建构每个参与者的“私人世界”。“骑手轮辐”没有用技术在人与周围的人之间树起保护层,而是有意识地推动参与者与陌生人之间的交往。只要这些是公共交往就会以独特的方式被展现出来。

该作品鼓励参与者在其占据的物理环境中积极探索自己的情感和精神反应。对于披露了亲密个人体验的诸多参与者而言,这种体验很有启发性。当你听到有人在讲述非常私人的体验,或者有人承认自己感到孤独需要陪伴时,你会作出什么反应呢?你会坦率地讲出自己的故事或承认自己的问题吗?你会编假的故事吗?与爆炸理论创作的其他作品类似,“骑手轮辐”也关系到数字环境中的信任和亲密关系。但这又与电视真人秀节目不同,不依赖对亲密关系赤裸裸的利用。事实上，"骑手轮辐"处在一个更加难以界定的空间：处在私人天马行空的冥想与公共礼仪非个人化的领域之间。若这种情况与雅各布斯说的支持街道生活的"公共礼仪和信任之网"（Jacobs，1961：56）相似，差异就在于"骑手轮辐"参与者们从来不当面交流。

如果每个故事都被视为捐献个人经验，个人经验被献给匿名的未来受众（或受众社群），而非给某个特定的接受者。你只能在其他人以前叙述故事的特定地方听到这个故事，这一点也很重要。因为故事的叙述者通常居住在附近，所以产生了一种被称为环境亲密性的体验，既不同于传统公众集会中的面对面交往，也不同于现代大众媒介支持的抽象的"想象共同体"。新的公共交往体现了特定社会技术形态的"共处"。先来后到者在档案中留下的痕迹标志了新的社会性。

这种叙事与公共空间的关系既新又旧。城市一直以来就存在多重时间。本雅明的拱廊（Arcades）计划就是为了将多重时间性中的乌托邦梦想和革命能量解放出来。数字城市标记能起到被本雅明称为"电影 1/10 秒的爆炸效果"吗？数字技术能否成为解锁"社会时间"体验的工具（Peter Osborne，1994）？[19]像"骑手轮辐"这样的数字媒介项目利用参与式城市档案来重新设置公共空间，以适应当代城市生活历史、居民和时间等方面的多元性。这一可能与数字技术的主流发展趋势，也就是被斯蒂格勒（2011）称为当代社会的"共时性"发展背道而驰。能否对城市生活形成更复杂的认识构成了地理媒介与公共空间未来关系的重要分野。

艺术和社会技术交往的政治

我常常骑车穿过墨尔本城区的大公园去上班。这条路线不是最短的却避开了最拥挤的城区，显得更安静。路上会经过一条处于两段水泥路之间的 50 米左右长的狭窄土路。这条土路是建筑师口中"需求线"的典型例子，也就是正式道路不存在或不能用时由行人踩踏出来的路径。类似的"需求线"在所有城市都有，尤其在被帕帕斯特吉迪斯和罗杰斯（Papastergiadis &

Rogers, 1996)称为“准功能”空间的那些废弃城市空间非常多见。在本书背景中让我感兴趣的是,这条土路是集体创造并能够塑造公共空间的人造物。这样的小径未经完成,也非静止,而是随时间流逝不断发生变化。当小径尽头的桉树逐渐长大挡住了原来路径时,骑车的人们就会开始渐渐拓宽路径。有一段时间,两个不同的路径同时存在。现在最初的路径已经渐渐消失了。

小径的形成和调整过程从被我称为“参与式公共空间”的视角看非常值得深思。分散的行动者群体用松散且自我组织的集体行为模式创造了这条小径。行动者之间并不相识也从未谋面。不同的骑车人都决定走这条捷径,这样小径就逐渐形成了。随着时间流逝,前人的轮胎在小径上留下的痕迹向其他人“传播”了此路可行的讯息,后来者从小径骑车通过更强化了这一讯息。这个“群体调整”过程保证了小径能够顺利地适应环境的变化(比如树木长大等干扰因素)。没人正式对路径的改变负责。不同人长期共同行动,使道路既可以保证通行又不影响大树的成长。

这样简单的行动司空见惯,我们却不能对此视而不见。读者可以想象铺上水泥路面的固定道路需要变动时可能发生的情形。如果有行人报告大树挡住了路,那么很可能就有政府的人会来修剪树枝或者干脆砍掉整棵树。不管怎样,重新规划、架构并恢复道路可能会花费几千元的成本。取而代之,松散协调的分散形态的集体公共行动不费分毫地产生了更好的结果。

在讨论地理媒介与参与式公共空间的关系方面,这个例子对我们有什么启发呢?考虑到数字网络能被用于松散的低成本传播,我们预料数字技术可以帮助人们更好地建构城市空间,增强使用者对空间进行修改和调整的能力。但城市效率优化、商业化和安全等议题也可能会阻碍这种可能性的实现。我们迫切需要环境发生整体变化。

史蒂文斯(Stevens,2007)在他的书的结论部分“卢迪克空间”(Ludic Space)中提出,城市规划师需要重新思考公共空间设计中明显的工具化取向,并承担风险建设更多无论目的或使用方式都保持松散和暧昧状态的空间。不做事先设定容许意外用途和各种可能性涌现出来。但将这种设计理念付诸实践时面临着很多挑战。科林·沃德(Colin Ward)指出,设计松散空间为使用者的发挥保留空间的理念与官方对城市规划细节的严格要求形成了冲突：

> 米尔顿·凯恩斯(Milton Keynes)公司的设计师唐·里特森(Don Ritson)在1978年时跟我解释："如果我们不说明在空间中究竟会发生什么，就很难获得规划准许证。但如果我们对空间的所有细节都给出事先说明，那么我们事先就严格限制了居于其中的人们的能动性：虽然设计的整体理念是给居民选择权。"(1999：49)

这类似先有鸡还是先有蛋的问题。若无松散的公共空间来推动丰富的社会交往，新形态的公共行为模式就可能胎死腹中，或出现后被导向完全可以预料的方向。但设计这样的空间来"引导"公共文化的发展本身又充满了风险。"参与"可能依旧只是"大众的点缀"(Siegfried Kracauer，1995)：并非从社区生活原生涌现出来，而是在社区之上"盘旋不下"的集体形象，人们既无法理解又不能以这种方式生活。

公共空间的数字艺术是否提供了新型公共参与实践得以出现的过渡区？我在本章中描述的数字艺术作品，最重要的特征是它们并非纯粹自下而上地从社区中有机地浮现出来，也没有自上而下地被事先规定了形式和后果。将自下而上的行动浪漫化很诱人，但历史告诉我们，实际上如果只是动员公众参与(挪用、玩乐、重新设计、集体规划城市空间)其实也很难奏效，或者说很难达到理想效果。面对新的"自由"时，许多人只会简单地复制他们已经熟知的做法，包括同样的等级制和社会互动形态等。我描述的艺术作品向公众提供了临时的空间，让他们创造新的社会体验，形成与复杂技术系统或与他人之间实验性的新关系。

这样的艺术干预会产生怎样的效果呢？伯瑞奥德(Bourriaud)认为："艺术活动致力于创造出适度的关联，打开(一个或二个)原本被封闭的通路，并将现实中原来彼此分开的不同层次重新连接起来。"(2002：8)小规模干预常被诟病就因为它们小，因此"什么也改变不了"。这点在与商业化数字技术逻辑的对比中尤其明显，后者往往关心如何扩大规模，牵扯成千上万

的不同要素。但小规模干预有其自身逻辑。如杰弗里·侯(Jeffrey Hou)所说:

> 单个艺术干预可能看上去微不足道。但正因为这些行动不需要大规模投资和基础设施建设,所以个人和小群体就有可能改变原本处在霸权地位的城市公共空间。虽然这样的行为可能是非正式且不稳定的,但它们帮助撼动了正式公共空间中的结构和关系,并为新的功能、意义和互动提供了可能(2010: 14-15)。

这些开放的关系性数字艺术作品通过建立临时的公共情境,培养了桑内特所说的现代城市生活必需的社会技能。这种技能既不简单地存在于艺术家(传授技能的专家)身上,也不在消费它们的社群(受众)之中,而是通过公共交往过程培养形成。公共交往利用实验性的数字界面,激发对他人的好奇心以及与他人交往的意愿。通过建构开放式并由参与者推动的公共行为模式,艺术拓展了我们对于公共空间和公共文化的思考。与其他人一起采取行动改变网络化公共空间环境的体验,为建立人与城市的关系提供了不同的可能。

翁贝托·埃科(Umberto Eco, 1989)很久以前就提出,不像工具理性描述的那样,艺术并非更"低效率"的传播形式。与控制论传统将提高信息传播信噪比视为标准的观点相反,埃科认为,艺术是更高级形态的传播,恰恰因为它能够包容多样性,将原本难以调和的价值、规模和系统整合进来。如帕帕斯特吉迪斯所说:

> 艺术并非探索揭露的过程,不以确定真理作为目标。它并不占有对物的固定知识,而是培养对于物与物之间可能性的批判态度。艺术从好奇心(即对于差异与关联的感官吸引)开始,通过关系式的思考来悬置事物间的现有秩序并借此建立想象另类可能性的平台。如此,情感、思想和实践都通过连接和传递发生了转型(Papastergiadis, 2012: 13)。

公共空间的艺术促进了里约(Rios in Hou, 2010)所谓的“商议的”挪用。艺术培养了对公共空间更为多元的理解。作为这种理解基础的居住模式承认多元和竞争的观点,却并不需事先在其中作出判断,或者将排他的所有权在彼此间进行分配。数字公共艺术指明地理媒介将如何支持商议形态的公共交往。城市居民将会实践,也就是说在生活中交往。

4

城市屏幕和城市媒介事件

新的公民媒体?

在雷德利·斯科特(Ridley Scott)的科幻电影《银翼杀手》(Blade Runner,1982)中,未来城市中生存的竞争发生在低空巡航的飞船之下。飞船表面是巨大的屏幕,向人们播放视频宣传世界之外生活的美好。斯科特的电影将大屏幕描绘为侵入式的宣传洗脑工具,这为我们理解大屏幕从科幻小说变为现实提供了有影响力的比喻。我提出有必要超越这种特征描述,并非要否认商业逻辑对这一领域的主导和推动。事实上,当我们探索如何将这样的传播基础设施用于商业以外的其他目的时,情形才会发生变化。本章我将公共空间中的大屏幕概念化为地理媒介的一个面向:作为植入在特定城市地点的媒介平台,有能力将关于公共领域观念在历史上的不同理解连接起来。聚焦于我称为第二代屏幕的出现,我想要思考这样的传播设施在催生新形态公共空间方面的能力。

基于几个合作研究的项目的田野研究,[1]我将描绘出利用大屏幕建构"城市媒介事件"试验"成为公共"新方法的可能路径。如果我的首要目标是质疑将商业化屏幕作为默认被理所当然地接受,我还想将争论转向思考另类选择会带来怎样的后果。如我在第一章所述,更为丰富的公共文化(文明的文化能够在全球化流动和文化多样性都更高的环境中,支持陌生人之间的互动)取决于探索和想象在公共场合与他人共处的新体验。对城市屏幕多种应用帮助我们重新理解能用屏幕技术做些什么,能与其他人(作为面对共同问题的小型共同体成员)做些什么。为了使这种可能性最大化,需要在几个不同方面都发生变化,将空间设计和屏幕操作的创新与体制化的安排以及技术使用的公共文化联系起来。

重新定位屏幕

广播电视时代划定城市空间的文化和政治力量（见第一章）意味着20世纪70年代中期街上出现的电子屏幕不仅是新生事物，甚至是违背常规的："电视"怎么能上街？于1976年被竖立在纽约时代广场老的《纽约时报》大楼上的Spectacolor Board屏幕成了城市的新地标。其实，Spectacolor并不是电视屏幕，而是可编程的电子符号系统，利用一组白炽灯泡产生出如今看来非常原始的单色图像（Brill，2002）。它主要的创新在于能够展示变动的内容并生产出动态图像。就像Spectacolor背后最大的推动者乔治·斯通贝利（George Stonbely）所说，"我们当时想要在某个指示牌上创造一个广播媒体"（引自Gray，2000）。

新媒体的成功吸引了广告商强烈的兴趣，这意味着大型电子屏幕引入城市空间的最初过程构成了广告展示的创新历史（例如曼哈顿的时代广场和东京新宿的涩谷十字路口［Hachikō Crossing］）。虽然后来广告一直是公共空间屏幕发展的最大推动力，但Spectacolor屏幕在1982年被用来展示珍妮·霍尔泽（Jenny Holzer）的"Truisms"系列作品也说明从屏幕一诞生就有艺术家有兴趣改变这一传播设施的用途和目的。

在20世纪80年代中期，随着索尼的JumboTron和三菱的Diamond Vision等基于阴极射线显像管（cathode ray tube，CRT）小屏幕矩阵的产品投入使用，大屏幕技术的视觉功能获得了长足进步。在1985年的世界博览会期间，一个82×131英尺的JumboTron屏幕被放置到东京附近的科学城筑波。这种规模的CRT屏幕有明显的局限性。它们耗电厉害，常出故障，并且在白天的视觉效果很不理想。CRT屏幕的购买价格也十分昂贵。虽然如此，当这些屏幕开始播放视频内容后，很多高端的体育场所也都装上了屏幕，尤其是那些已拥有成熟的电子计分板市场的美国体育馆。

几年之后，这些体育馆的屏幕有了新的用途：增强体育馆摇滚音乐会的现场效果。在20世纪70年代，越来越多的摇滚音乐会被安排在体育馆举行，标志着摇滚音乐渐渐发展成为成熟的商业领域。场馆变化对观众和表演者都提出了新的要求。当大多数观众距离舞台甚远,你如何才能继续维持与大量观众的情感联系?像马克·费舍尔(Mark Fisher)设计的滚石"Steel Wheels"(1989)巡演,尤其是U2的Zoo-TV(1992-1993)等表演,对于探索将大屏幕用于现场摇滚音乐会的各种可能性具有里程碑意义(参见Seigal, 2002: 78-89)。如布鲁斯·拉姆斯(Bruce Ramus,U2的长期的灯光设计师)后来回忆说:

> 在这之前,视频是大规模摇滚音乐会的次要部分。视频通常被安排在舞台边上。Zoo-TV将屏幕和视频图像移到了舞台正中。我们做了5个大型的视频墙,在现场按2—3个电视机一组共布置了大概200台电视机,形成了虽然支离破碎但十分巨大的屏幕。总的想法是创造一个媒体的密集网络(Ramus,2011)。

体育馆的屏幕主要用来放大影像以方便坐在远处的观众能够体验与艺术家的"亲密接触"。通过切换对表演者的特写镜头和对四周观众席的全景拍摄,屏幕将体育馆的体验转变为新形态中介化的集体参与。[2]在20世纪90年代,在这样的背景下大屏幕的运用与音乐产业的交集十分重要,原因有二:第一,推动了屏幕技术的创新。早期用于Zoo-TV这样的摇滚巡演的主要是CRT技术,但从1996年起,LED屏开始被广泛用于大规模的视频展示。[3]第二,体育馆音乐会培育了将屏幕技术整合到现场体验中的新方法,改变了对"媒介事件"的界定。

转向LED屏幕的发展深刻地改变了大屏幕在城市中的使用。LED屏用了固态技术,所以在能源效率、耐用性和可靠性等方面与以前相比有了显著进步。当LED屏幕的亮度能够满足白天使用的视觉要求时,就开始吸引更多广告商的兴趣(Vazquez,2002)。成本的下降、画质的提升和操作的便利令全球不同城市都开始使用城市屏幕。引人注目的街头建筑,例如Fox和Fowles 1999年在纽约时代广场的纳斯达克大楼(使用Saco制作的LED屏作为弧形外墙面)提醒设计者媒体外墙带来了更多灵活的可能性,并引发了一波将建筑、照明和屏幕设计混合起来加以试验的热潮。正如比尔·米切尔(Bill Mitchell)指出："在建筑、照明设计与计算机制图之间，传统的分界线开始土崩瓦解。所有能发光的东西都能成为可编程的像素数据。"(2005：88-89)现代的媒体外墙面作为现代主义玻璃幕墙的继任，将整个建筑都变成了屏幕。这推动建筑向威里利欧(Virilio，1998：181)所说的"媒体建筑"设计发展：建筑的主要功能成了提供信息而非供人居住。

第二代城市屏幕

虽然公共空间的大屏幕偶然会被用于各种非商业目的(如展示视频艺术作品)，[4]但直到21世纪初期，主要不是为了广告和品牌推广目的的屏幕才开始长期在城市空间中出现。这些"第二代城市屏幕"与第一代相比有几个方面的不同：

1. 屏幕被有意地放置在传统的人行道区域，比如城市的中心广场而非交通流量很高的要道之上。

2. 屏幕放置位置更低，并且面向人们可以聚集停留的空间。

3. 屏幕操作员致力于播放更多类型的节目，包括直播事件和文化内容。

在21世纪早期，出现了三种支持非商业化城市屏幕的模式。

公共空间广播模式

英国的"大屏幕"网络代表了这个模式。受2002—2003年女王登基五十周年庆典时成功使用临时屏幕的启发，英国广播公司(BBC)启动了一个实验项目，2003年从曼彻斯特市开始在不同城市设立10个永久性的屏幕。屏幕被设置在交易广场(Exchange Square)上原来的谷物交易大楼附近。该地区在1996年被炸毁之后进行了重建，建成了能够容纳一万人的圆形露天剧场。这个项目的特殊之处在于其背后是公有的BBC。这意味着虽然屏幕硬件是赞助所得，但不可以将其用于播放广告。另外，虽然屏幕播放的很大部分是BBC的内容，但BBC也没完全控制这个项目。实际上，每一个屏幕都涉及BBC与当地城市议会和艺术馆或大学等其他机构的合作。在曼彻斯特，公有的Cornerhouse艺术馆是屏幕项目的创始合作伙伴。艺术馆将屏幕视为向那些平日不去艺术馆的受众展示现代艺术作品的拓展渠道。正如比尔·莫里斯(Bill Morris,BBC"直播事件"[Live Events]制片人)所说:

> 30年前,我们完全可以自己全权运营这些屏幕。我们会通过许可使用费来支付所有的开支,并且我们会决定每天白天和晚上屏幕上播放些什么内容,不是吗? BBC本可以这么运营这些屏幕。但是现在你可以说这么做不仅是错误的,而且几乎是不可能的。你现在不能想象这种做法。……30年前,BBC的市场部门会抓住这些大屏幕,让它们只播放BBC的内容,并且会将BBC的广告和各种预告片都放上去。你肯定不会想到社区项目、艺术作品、本地事件之类的东西。所以,我们的做法部分证明了BBC现在必须采用更为开放的方式,而这种做法是一条双向道(Gibbons & Morris, 2005)。

在试运行项目获得成功之后,对9个现有大屏幕的运营责任在2008年被转移到伦敦奥运会组委会(LOCOG)手中。尽管BBC依旧是重要的合作伙伴,但奥组委被视为更合适的渠道,能够保证该项目下一步发展所需的资金。为了支持2012年伦敦奥运会"直播现场"(live site)的项目,组委会制订计划在英国不同的城市设置50个大屏幕。这50个大屏幕是伦敦奥组委向国际奥委会申办陈述时重要的卖点,同时也成了各个城市与比赛相关的开支的一部分。[5]2009年经济危机后,由于资金问题,最初的计划缩小了规模。临近奥运会前,屏幕的设计和节目播放都发生了变动:为了控制成本,伦敦奥组委将屏幕安装标准化并减少了对内容管理的资源投入。[6]作为后果,所有的屏幕都在形式上被整合到同一个运营中心设于伯明翰的网络。BBC仍旧是最主要的内容提供方,但也给伦敦奥组委预留了播放空间。仍有可能插播少量本地节目,但屏幕的默认设置更偏向于传统的广播模式。[7]

到2012年年中奥运会之前,一共安装了24个永久性的屏幕(还有些临时的可拆卸屏幕)。"直播现场"成了伦敦奥运会很受欢迎的重要特征,屏幕网络很快就发展到第三个阶段。面对预算减少的情况,BBC在2013年将屏幕的控制权转交给屏幕所在的城市。我在写本书时,这些屏幕的未来还不可知。控制权转移或许能让英国的屏幕项目更接近我接下来讨论的“公民合作”模式，但它也同样可能导致更严重的商业化（如果不是被出售或关闭等更糟糕的后果）。

公民合作

墨尔本联邦广场的大屏幕是公民合作模式的典型。联邦广场是墨尔本市中心最受人欢迎的公共空间。联邦广场的屏幕不是由国有的媒体机构管理，而是作为广场的一部分由联邦广场有限公司按照《公民和文化章程》的规定，代表维多利亚州政府进行管理和控制。[8]这个模式带来了不同的挑战和机遇。虽然没有像BBC这样的国有媒体提供现成的内容，但联邦广场被迫自发寻找内容的情况或许带来了更长期的好处。大屏幕不仅与内容提供者发展出新的合作关系，也作为催化剂推动了文化机构的变化：组织不得不重新评估自己对屏幕的角色的理解。

比起大多数“第二代”屏幕，联邦广场的大屏幕的独特之处在于它更紧密地把屏幕和场所（site）整合起来。虽然屏幕靠近市中心繁忙的交叉路口，但屏幕并非直面道路，而是面向一个舒缓的斜坡台阶。斜坡台阶开放的空间周围被咖啡馆和各种公共机构包围，提供正式或非正式的座位，构成了类似露天剧场那样能够容纳1万到1.5万人的整体结构。屏幕能够与所在场所高度融合，因为屏幕既非事后被安装到已建成的广场上，也非在最后一刻临时起意被安装到广场上的。从广场刚开始设计的早期就已经将屏幕考虑在内了。[9]这创造出独特的环境氛围，将当代公共空间面临的挑战展示出来。正如麻省理工学院媒体实验室的资深成员比尔·米切尔指出：“联邦广场的关键不是纪念碑、舞台或对大众演讲的讲台。广场的聚焦是一个巨大的LED视频屏幕。我上次在那里从屏幕上看了澳网公开赛的直播。”（2005：44）[10]

米切尔认为，屏幕与所在地之间的关系提供了一种成功且大胆的方式，让人们直面后殖民时期多元文化的电子网络社会中公共空间的问题（2005：44）。但这样的结论或许过于乐观且为时过早。当联邦广场2002年刚开放时，屏幕主要被用来吸引收入。这意味着虽然屏幕偶尔会直播各种事件（如米切尔看到的澳网公开赛),但大多时候屏幕上会播放商业电视节目和广告。虽然将屏幕与所在地整合创造出新的机遇,但屏幕也可能像许多商业屏幕一样成为拥挤城市中的背景噪声。

在2005年管理层发生变动后,对如何使用屏幕的思考发生了根本变化。新的首席执行官凯特·布伦南(Kate Brennan)回忆说:“在2005年我发现联邦广场已经快失去了生命力,我们没有很好地利用大屏幕。”(2009:127)为了推动改变,布伦南将大屏幕的重点从吸引收入转向按照《公民和文化章程》通过屏幕促进不同社区之间的交流。布伦南提出:

> 我们真的需要认真思考如何才能最有效地让最多的社区参与进来:怎样才能让屏幕更好地为各种事件服务;如何才能创造性地使用屏幕。对于我来说,重要的是这些不受特定广告的干扰(2009:128)。

她补充说:“看上去很明确的是,可以用屏幕来讲述更多我们自己所在社区的故事。”(2009:127)

这些政策调整的成功带来了屏幕运营的第三个阶段。联邦广场有限公司在2010年将所有的媒体运营都接手过来。这一举动反映媒介资源,尤其是大屏幕对于所在地身份认同和环境氛围的重要性得到了更多的重视。与那些将电子屏幕视为全球时代城市中“无空间感”表现的看法形成对比,联邦广场的屏幕成了墨尔本城市中心公共空间的核心元素(Coslovich,2003)。我接下来会更深入地讨论这种变化的背后原因。在这里我只想指出,这种由公共机构控制屏幕并管理屏幕所在公共空间的模式取得了巨大的成功,不少类似的屏幕在澳洲和其他地方已正式投入使用或纳入规划。[11]

艺术屏幕

荷兰的当代艺术屏幕(Contempotary Art Screen, CASZ)项目代表了第二代城市屏幕的第三种模式。CASZ位于泽伊达斯(Zuidas),这是在史基浦机场与阿姆斯特丹市中心之间新的城区。作为特点,CASZ屏幕80%的时间都必须被用于播放当代视觉艺术的内容。正如CASZ最早的负责人杨·

舒仁(Jan Schuijren, 2008)在项目经过多年策划后开始运营时所说：

> 我们不会像利物浦的FACT项目或澳洲联邦广场的大屏幕项目那样,节目部分为本地社区服务。CASZ不是也不会变成社区屏幕——它被构想为一个艺术舞台。这一点上的差异我们很清楚。

泽伊达斯当地的Virtueel博物馆、艺术与公共空间基金会和泽伊达斯区共同合作推出了CASZ项目。由于CASZ模式植根于艺术世界而非社区和公共媒体,所以屏幕上的内容主要是来自视觉和电影节的原创艺术节目。同联邦广场或英国的公共空间广播项目不同,CASZ并不利用大屏幕支持直播的现场活动,也不像公共媒体那样提供体育赛事节目的直播。相反,CASZ通过屏幕让那些不去艺术馆或不观看当代视觉艺术的观众有机会接触到艺术。除了让更多人接触到当代艺术之外,城市屏幕还提供了与艺术馆不同的展示条件。杨·舒仁(2008)认为,CASZ的观众主要是每天在周围大楼里工作的白领,他们每日都会接触到屏幕。对于CASZ项目而言,这既是机遇也是局限：

> 我们吸引了每天有规律出现的受众,意味着我们需要为他们服务。……如果大屏幕观众中超过80%的人一周四天都会回来,你就需要十分注意能对他们提出怎样的要求。当然你也需要仔细地决定给他们提供些什么以及如何向他们提供。……这也是为什么有反复出现的"常客"很重要并且很好。这些受众每周每日反复出现,这使我们有可能逐渐培养起一些东西。

杨·舒仁的评论突出了公共大屏幕如何创造了特定的观看场景,与城市的节奏和惯例紧密地勾连在一起。我下文还会回到这一点。但首先需要提一下CASZ项目的命运。从一开始项目就面临一系列的挑战。CASZ最初被安置在泽伊达斯车站(阿姆斯特丹的城际和国际铁路网络中心),却在最后时刻改变了它的规划方位。新的位置虽然不远,但没有原来位置上多样化的大量行人人流。另外,虽然 CASZ 屏幕面对两幢办公楼之间的广场,但这个广场并不适宜人们小憩或聚会。这损害了屏幕成为公众聚会集中地点的可能性,也意味着屏幕在播放先锋艺术作品时常常也会缺少观众。到 2011 年,一系列预算缩减影响了阿姆斯特丹的数字和公共空间艺术项目之后,CASC 屏幕也停止了运营(Cnossen, Franssen & de Wilde, 2015: 4)。虽然这未必否定了艺术屏幕模式本身的可行性,但停止运营确实体现了类似项目未与艺术机构正式联合而可能遭遇的挫折。

以上我描述的三种模式并非穷尽所有,但至少代表了将城市屏幕作为公共传播基础设施建立和运营时面临的主要挑战。值得注意的是,虽然有些屏幕是为了公共传播目的,但它们建造时常常没有充分考虑场所。很多情况下公共屏幕的规划和建造没有考虑为内容留下预算。最后这个问题很奇怪。因为在很多方面,公共屏幕都类似图书馆和艺术馆之类其他的公共文化设施。其他设施在建造时都会要求硬件投资和运营资金,而公共屏幕却常常没有运营预算。在现有的社会体制和预算结构中很难为公共屏幕留出太多空间。BBC 实验项目的目标之一正是为了将公共屏幕作为公民社会的基础设施提供案例。如比尔·莫里斯所说:

> 我们认为这个项目创造了新的市政基础设施,就好像一定规模的城市就需要自己的艺术馆、自己的文化、自己的游泳池和图书馆一样——这是我们希望做到的,而非只是为企业接触特定消费群体提供新的方法(Gibbons & Morris, 2005)。

这种想法还在实践过程中。若无关键的"支持者",第二代城市屏幕或者从一开始就不会被建造,或者为了能长期保持公共屏幕的特性而疲于奔命。[12]我还认为,成功地应用城市屏幕需要不断地重新思考屏幕和公共空间的意义。就像我在下一章中会指出,公共屏幕设施的全部优势不只是屏幕能将已有的视频内容"转移搬运"到不同的空间位置供人观看,更重要的是利用屏幕支持新形态社会交往的策略。

城市屏幕和媒介事件

第二代城市屏幕创造了许多新的媒介观看空间和社会场景。与城市空间媒介使用的其他常见形态（如个人移动设备）相比，大屏幕的固定性及其集体性导向构成了它的特点。由于大屏幕是固定的城市设施，人们常常能够反复接触大屏幕，也就意味着大屏幕有可能被用于制造城市地点。与广告牌或动态标识不同，大屏幕的目的不是在短时间内吸引个人注意力。第二代城市屏幕被有意安排在人们可以聚集、小憩或停留的公共空间中，意味着大屏幕能够播放更为多样化的节目，包括长期的连续节目。那么我们该如何思考公众集会和公共展示这两种彼此结合的可供性（affordances）呢？

在很多方面，集体观看大屏幕的体验与电影院中一群陌生人公开聚集一同观影的经历有可比之处。但两者的差别也很明显。与看电影不同，看大屏幕时人们不需要像在电影院那样端坐在光线昏暗的影院内，注意力几乎完全被屏幕吸引。相反，大屏幕观看时不需静坐也无需保持安静。各种移动、其他吸引注意力的内容以及各种行为都会同时发生：有人只在经过时对屏幕投上一瞥就匆匆离开，有人短暂停留稍加留意，还有人选择坐下仔细观看屏幕上的内容。这种更为多元移动且充满干扰的观看形式与受众在艺术馆中参观当代视觉艺术的情形也有些类似（McQuire & Radywyl, 2010）。

本雅明（Benjamin, 1999）提出，与绘画等传统视觉媒体相比，集体观看构成了评估电影激进可能性的重要因素。考虑到第二代城市屏幕以公共见证的共同体验为基础支持新的城市媒介事件，我们也可以作出与本雅明类似的判断。相比之下，我在第一章提到的“广播媒介事件”（Dayan & Katz, 1992）的基础是受众个人或小群体在自己家庭的私领域中消费电视内容，而新型的集体社会交往定义了城市媒介事件。这同时也决定了大屏幕与使用数字媒介在公共领域开辟出个体化的私有空间（Habuchi, 2005）有重要差异。公共传播基础设施与新的公共风俗和社会实践的出现紧密相关，最为明显地体现在各种新的公共庆典、纪念活动和哀悼仪式中。

在2005年，麦克·吉本斯(Mike Gibbons，当时是BBC“直播事件”的项目主任)回忆，英格兰和阿根廷足球“友谊赛”的直播成了影响他理解公共屏幕社会潜能的关键时刻。虽然当日天气阴冷，但很多人自发集中起来观看比赛：“人们不禁会问为什么伯明翰的维多利亚广场上会有8 000人，在曼彻斯特和利兹各有1万人会站在瓢泼大雨中观看比赛?”(Gibbons & Morris, 2005)到2006年之前，大屏幕技术已经被整合到德国世界杯，支持“球迷节”旅游活动并鼓励那些买不到现场球票的支持者们通过观看大屏幕“参与”比赛。每天都有约100万人通过大屏幕观看足球比赛。或许更让人意外的是，在地球的另外一边，约有16 000名澳洲球迷在冬日的凌晨聚集在联邦广场的大屏幕前观看澳大利亚对阵克罗地亚的比赛。

用大屏幕支持新形式的“集体见证”已经成了很多大规模体育赛事的组成部分。很多比赛事先就安排并推广了正式的公众观看区(public viewing area, PVA)。2012年伦敦奥运会期间，公共屏幕网络被明确地视为全英国公众参与赛事的聚集点。这些“直播现场”在几个方面塑造了整个事件。大屏幕吸引更多人在公共空间中体验奥运会，扩大了赛事的影响力。“直播现场”自身也成为更多媒体关注的聚焦点，相关的照片和现场采访常常出现在媒体报道中。[13]或许最为重要的是，这些“直播现场”让公众有机会参与民族国家认同的集体表现。贝克尔和维德霍尔姆(Becker & Widholm)对2010年世界杯以及2012年伦敦奥运会做了人类学田野研究。他们发现，公共观看区支持了一系列新的社会实践，“拓展了表演性的大规模参与消费实践的可能”(2014: 154)。[14]仔细考察了屏幕播放内容与周围空间设计、控制与装饰之间的关系后，他们提出，不同的“行动者”以不同的方式使用公共观看区。本地居民支持主场球队，游客公开展示家乡的标志符号，移民常常表现出将出生地和居住地混杂的复杂认同。更有趣的是，贝克尔和维德霍尔姆发现，“人们选择来公共观看区的原因五花八门(包括与朋友聚会，遇见新人，观看比赛，体验氛围，为本国球队喝彩，或者只是为了取乐)，但很少有人认为去公共观看区观看比赛是去现场的‘第二选择’或代替品”(2014: 154)。

通过公共屏幕观看事件不再是“从属”的体验这一点十分重要，构成了将城市媒介事件与戴扬和卡茨25年前提出的广播媒介事件（Dayan & Katz，1992）区分开来的关键。这种转变包含几个元素。首先，就像菲利普·奥斯兰德（Philip Auslander）在对广播电视现场直播的研究中所说，我们将“实时”作为广播电视修辞的建构发生了改变。关于“中介化”的话语修辞被嵌入了包括即时重放、同步播出和特写镜头等技巧，这些手法原来被认为是现场直播事件次要的衍生，如今却构成了实时事件的有机部分（1999：25）。

修辞话语的这种变迁现在还被用于理解新的社会实践。“现场直播”不仅能进入个人家庭，而且可以在公共领域中无处不在。若如贝克尔和维德霍尔姆所说（2014：165），将“直播现场”作为另一种模式的实时体验加以评估，标志着通过屏幕消费体育内容的方式已经被自然化了。这同时也证明了地理媒介情景化的实时传播实践正推动我们重新理解“在场”的意义。[15]

虽然直播体育赛事是新的城市媒介事件最为常见的案例，公共哀悼和纪念活动中的人群聚集同样也给人留下深刻的印象。在回顾BBC最早两年的实验项目时，比尔·莫里斯认为：

> 2005年伦敦爆炸案发生时，全英国（而不只是伦敦）的人们都聚集在屏幕前观看发生了什么。在有些情况下，这些人除了大屏幕外可能并没有其他获取新闻的途径，这些人刚走进城市希望弄清发生了什么。但在另外一些情形下，你实际上感到想要和其他人在一起。伦敦爆炸案一周之后举行了三分钟的默哀仪式，大量的人群聚集在城市屏幕前参加默哀（Gibbons & Morris，2005）。

当公共屏幕自身成了公共仪式的聚焦点之后，屏幕支持的集体见证仪式就需要被理解为实现分散性事件（distributed event）的一个节点，而非替代了远处发生的事件。莫里斯进一步回忆：

> 在利物浦有一个名为肯·比格利（Ken Bigley）的当地人在伊拉克被残忍地杀害了。当地人十分伤心，并为他举行了一分钟默哀和葬礼。举办仪式时，在利物浦屏幕前聚集起来的居民人数甚至超过了去大教

堂的人。让人惊讶的是,不少人将鲜花放在屏幕之下。这种活动无人事前计划,也不在我们的预料之内。人们的所作所为超出并挑战了我们的想象(Gibbons & Morris, 2005)。

与此相似,墨尔本的公众举行悼念仪式纪念2009年维多利亚州森林大火的受害者(大火造成了173人丧生)。凯特·布伦南(联邦广场当时的CEO)回忆说:

尽管悼念仪式实际发生在罗德·拉沃尔球场,我们联邦广场上当时正在举办"可持续生活节"的活动,但我们应很多人的要求在联邦广场的屏幕上实况播出了悼念仪式。专程来看屏幕播放悼念仪式的人不多,但接受采访时不少人表达了在这种时刻"想要和其他人在一起"。我觉得这是人类很强烈的基本需求(Brennan, 2009)。

传播和媒介技术一直以来就是不同社会仪式实施和转型的关键(Liebes & Curran, 1998; Couldry, 2012)。当公共屏幕成了集体纪念和哀悼仪式的重要所在,公共事件的性质以及社会交往的过程都发生了改变。如果说"与他人共处"是公共空间的基本属性,那么大屏幕设施整合到市中心的公共空间后改变了公众聚会的动态。2008年2月在澳大利亚出现过一个经典案例。当时的总理陆克文(Kevin Rudd)举行了"向被偷走的一代道歉"的活动。[16]这一历史性事件发生时,堪培拉议会大楼内外的参观区域都聚集了很多受邀嘉宾。澳大利亚国家公共广播电视台以及商业电台电视台都直播了当天议会的演讲。这意味着所有想要了解的人都能够在家里看到或听到议会的演讲。但是有很多人希望亲身到公共场所来观看这一事件。超过一万名墨尔本人聚集在联邦广场,共同观看了这一事件的电视直播。值得强调的是,公众的这种参与很大程度上出乎管理者意料。布伦南(2009)回忆说:

在"向被偷走的一代道歉"活动开始前,我们准备在大屏幕播出这一内容。但我们真的完全没预料到会有这么多社区居民来联邦广场看大屏幕直播。那一刻是一次非凡的人类体验。但从联邦广场对于社区生活作用的角度看，那一刻对我们是重要的学习。我当时就意识到人们对公共场所的作用怀有很高的预期，我们必须找到正确的方法来回应这种公共预期。

人们能够聚集在联邦广场上共同经历这次活动在几个方面来说都能带来转型。“向被偷走的一代道歉”这一活动本身非常感人，引人落泪。即便是原住民社会运动家和那些对政府的诚意表示怀疑的人都必须承认这一活动激发了大量真诚的情感。[17]大屏幕在城市中心的公共空间直播这样的事件不只让公众集体体验了这一场景，而且给公众提供了参与建构这一事件的有效途径。当时联邦反对党领袖布伦丹·尼尔森（Brendan Nelson）对总理的演讲作出反应，为过去的原住民政策进行辩护时，联邦广场上很多公众都自发转过身去背对其形象以表示反对。这种表演性的姿态提供了戏剧化的画面，为电视新闻的议程提供了合适的内容。公众集体转身表示反对的画面很快就出现在各种新闻报道中。通过让市民公开表达自己对尼尔森演讲的反对，联邦广场的大屏幕有效地改变了事件的性质：大屏幕提供了一种反馈机制，将观看事件的受众转变为参与制造事件的“表演者”。“向被偷走的一代道歉”作为典型案例，证明了城市公共屏幕有能力帮助城市居民挪用城市时空，观看发生在远处的事件，并支持新形态的公共表达成为对事件集体见证体验的组成部分。

大屏幕和跨国公共传播

到2008年前后，越来越明确的是，公共屏幕不再只是展示视频，而且开始被用于播放新的内容形式。联邦广场开发了文本信息的播放系统。在英国，围绕照相机和运动感应器的实验展示了公共参与塑造屏幕内容的新机遇。[18]随着人们对通过公共参与影响屏幕内容的兴趣高涨，网络带宽的增长意味着可以不必建设专线就能将位于不同方位的屏幕连接起来。这两个方面的发展框架了我和同事当时研究的主要问题：公众集体如何影响大屏幕上的内容？若通过将不同城市甚至不同国家的屏幕连接起来扩展互动的领域，会产生哪些效果？[19]

我们的研究项目采用了行动研究模式探索“跨国公共空间”的形态。换而言之，我们没有坐等相关事件发生之后再加以研究，而是主动策划各种事件（参见 Benford & Giannachi, 2011: 8-20）。为此，项目签约艺术家生产特定的互动内容在墨尔本和首尔的城市屏幕上同时播出。选择韩国的合作者反映了数字星球中新的时空架构：就时差而言，首尔比起很多澳洲城市离墨尔本都要更近。通过将城市屏幕理解为兼具本地情境和跨国连接的传播平台，我们希望建立创造性探索公共传播新体验的框架，将中介化与直接交往结合起来。

第一次“城市媒介事件”发生在 2009 年 8 月韩国仁川松岛（Songdo）“明日城市”开幕时期。[20]“Come join us Mr Orwell”（来加入我们，奥韦尔先生）项目结合了将两座城市联系起来的实况摄像、艺术家创作的视频艺术作品、现场表演以及两项签约艺术家为研究项目创作的互动作品。两项互动作品都用手机短消息（当时在澳大利亚被称为 SMS）作为通向大屏幕的界面。其中“SMS_Origins”作品由澳大利亚艺术家列昂·赫梅莱夫斯基（Leon Cmielewski）、约瑟芬·斯塔尔斯（Josephine Starrs）和程序员亚当·欣肖（Adam Hinshaw）合作创作。参与者被邀请向一个屏幕上指定的手机号发送短消息，消息内容为他们自己及他们父母的出生地。短消息上的信息会被软件转换为矢量图，将屏幕上世界地图中不同的城市连接起来。多个参与者的输入信息可以形成队列，每个新信息输入绘制地图时会得到短暂的特写镜头。短暂放大之后屏幕会恢复远焦镜头，展示整幅世界地图上目前接收到的所有信息。图像质量被有意做得简单：重点是观众积极输入信息的过程而非让用户进行创造性的自我表达。当这一作品运行时，不同城市的人都能看到同一幅世界地图上不断发生动态变化如何反映了现场聚集人群的集体创造。

第二个作品名为“Value @ Tommorow City”，是由韩国艺术家崔成旭（Seung Joon Choi）创作。艺术家将屏幕像公共 BBS 那样加以使用。观众们被邀请通过手机短消息回答“作为未来城市的一员，您觉得什么是城市最重要的价值观？”观众发出短消息之后，他们提到的“价值”会同时以英文和韩文两种语言出现在屏幕上。当多个观众发送的价值观彼此重复或含义相近时，屏幕上这一价值的字号和位置就会发生变化。利用对用户标签采用“分众分类法”作为视觉展示的基础，屏幕内容既对用户的输入作出实时反应，也遵循一定的自我组织规则。

从这些城市事件中我们学到了很多。举办这种研究项目本身就牵涉各种重要的挑战和妥协。由于事件需遵守严格的日程，所以对屏幕互动形式的界定要比我们最初设想的更为严格。这是首次在互联的屏幕上展示互动艺术，意味着需要克服很多技术上的障碍，甚至举行当晚都有技术问题需要解决。[21]另外，将社会导向的艺术项目“穿插”到松岛智慧城市建设的议程也存在不少问题。尽管如此，在此背景下我仍希望聚焦于事件的意义，思考大屏幕作为公共传播设施的潜力。需要强调的第一点是，界面的选择如何在根本上塑造了参与者的体验。如德鲁克（Drucker，2011：12）所说，界面并非“物”而是指能够塑造具身空间实践的各种关系的联结。我们选择手机作为通向屏幕的界面是因为2009年在澳洲和韩国手机的使用已经十分普遍。使用手机做界面也降低了公共参与的门槛：发短消息是日常司空见惯的行为，不会因此让某个个人在人群中显得尤其突兀尴尬。选择手机做界面成功地在生成屏幕内容时使公共参与最大化。[22]当然这个决定也有不足之处。最主要的是参与者获得的选项相对有限，导致大屏幕“内容”大多是受参与者影响而非由用户生成。另外一个问题，正因为发短消息的行为不引人注意，参与者之间就不太会发生“雪球效应”，无法通过观察他人的行为来学习（Brignull & Rogers, 2003；Memarovic et al., 2012）。事实上，这个问题在“Come join us Mr Orwell”这一项目的初期并不明显。但是，当我们随后几个月间在墨尔本以更为场景化的形态举办“SMS_Origins”项目时，我们发现光在屏幕上提供如何参与的说明通常并不够。当有人向公众解释怎样参与时，大家都会热情地参加项目。但若无人向他们解释时，平台常常就乏人问津。这种缺少参与的情况很有教育意义，提示我们在“参与文化”背后更深的层面上，公共传播基础设施被默认为仅是展示渠道，仍旧无法为人们所用。细加反思也在意料之内：这反映了现代城市公共空间传播的主流历史。由于多数人从未体验过使用这类公共传播设施，他们没有准备好探索公共传播基础设施带来的机遇。

我想强调的第二点是两个互动艺术作品的设计都有意地在创造集体表达的同时，不完全抹杀个人信息输入的独特性。我们的"SMS_Origins"项目通过将个人输入信息形成队列逐一在屏幕上放大显示"当下正在绘制的地图"来实现这点。在"Value"项目中，每个用户的信息都与其手机号码最后几位数关联起来。这看上去似乎微不足道，但观察证明这对于参与者意识到自己正参与塑造作品十分重要。人们毫无例外都迫不及待地想要看到屏幕上出现自己的信息。当他们看到自己的信息在屏幕上出现时，人们用手指点、鼓掌庆祝，甚至在屏幕前拍照留念。这种反应突出了第二代城市屏幕能够满足人们目前尚未被满足的需求：公众需要在城市中心留下自己的印记。很多情况下现代城市规模巨大且防卫森严，城市向居民传递的简单信息是"你作为个人很渺小且无关紧要，城市属于国家或企业，不能为你所用"。能够在城市中心的公共空间哪怕是暂时地留下自己个人的印记是现代社会政治可见性的重要标志。

与支持个人表达同样重要，这些艺术作品的设计并非将个人的印记作为孤立形式的个人表达。相反，与前几章讨论的参与式艺术作品类似，这些作品用数字媒介的循环反复的能力创造出充满活力且不断变化的艺术形态，或者更准确地说是那些聚集在不同城市的人们创造了各种响应网络。如果这种模式就像凯斯特(Kester, 2004)描述的"对话式"艺术那样，意图在自我表达与集体社会表达间取得平衡，它也强调了当代艺术实践(如果不是更广义的社会性)如今与包括界面和软件设计、网络设备和私有系统等所谓的"技术问题"紧密相关。"算法"政治越来越强烈地塑造了公共空间的社会交往。

我想在此突出的第三点源自使用公共屏幕与多元他者建立"联系"的新体验。很多参与者接受采访时的评论显示，不同城市的人都在寻找恰当的语言来描述这种既"在一起"又四处分散的新奇体验。[23]虽然这种充满悖论的存在形式历史悠久，至少可以追溯到19世纪后期电子通信初生之时，但仍然需要重申这种城市媒介事件很大程度上将许多更让人熟悉的经历“离心化”(decentred)了。与在家里收看电视直播的体验不同,参与者是市中心公共空间聚集人群中的一员,既能通过具身的方式(嗓音、姿态、运动、距离和触摸等)相互交流,又可以通过屏幕与另一座城市中聚集的他人沟通。这一跨国维度利用屏幕技术不仅会对多种用户输入作出响应,而且会特意展示聚集在不同城市中“微观”公众的集体响应。换而言之,在全球时代,技术应用支持了新形态的社会联系:城市媒介事件作为一种公共场景促使人们反思与他人“集会”的含义。

最后一点,这些艺术作品被设计为拉斐尔·洛扎诺-亨默所谓的“参与平台”,其产出取决于当时在场的观众。作为“开放的作品”,每一次展示都取决于很多其他条件。我们在2009年澳式橄榄球总决赛(墨尔本每年最重要的体育赛事之一,成千人通过联邦广场的大屏幕观看直播)开始之前,利用联邦广场的大屏幕举行“SMS_Origins”项目时,人群大多反应冷漠甚至充满敌意。很显然,作品与情境时机不合。几周之后,同样的项目在同一地方举行时,附近正好有所大学在举行毕业典礼,参与者就显得十分热情。很多留学生和家长都来参加毕业典礼,在大屏幕上展示自己的故乡在这一时刻让很多人感到愉快且为之骄傲。当自己的信息被“绘制”到屏幕地图上时,很多家长和学生在屏幕前拍照留念。

最后这个例子支持了大屏幕内容设计者已经注意到的关键:虽然大屏幕能够有效地播出来自远方的内容,但成功的屏幕需要响应本地场景。毕业典礼这个例子同时突出了干预公共空间的政治本质。在2009年,澳洲的政治气候中就难民和国家边界安全问题的热烈争论占据了重要位置,影响了两党原本对于文化多元主义作为官方政策的政治支持。将公众祖籍来源地在公共空间进行视觉化表现,提醒人们墨尔本人口的多元性,超过一半的墨尔本居民或者生在国外或者父母至少一方出生在国外。

在“Come join us Mr Orwell”项目之后,我们开始策划第二个“城市媒介事件”。项目不再依赖语言传播以求更好地突出公共空间互动的具身特征,我们有意选择舞蹈作为沟通的主要形式。虽然我们意识到舞蹈形式大大提高了公众参与的门槛,但我们希望探索具身互动为跨文化交流提供丰富形态的可能。澳大利亚顶尖的舞蹈家丽贝卡·希尔顿(Rebecca Hilton)为我们提供了基本理念,并随后与韩国舞蹈家朴顺浩(Park Soon-Ho)合作对理念作了进一步的发展。由此发展的基本理念支持了2010年推出的"Hello"项目,这一舞蹈比赛项目让聚集在澳大利亚联邦广场和首尔Arko艺术剧院的人们通过屏幕相互传授简单的舞蹈动作。实现项目背后的想法涉及一系列实际问题:如何创作舞蹈?如何支持屏幕之间的连接?如何安排传授舞蹈的公共空间?在应对这些问题的过程中,我们分几个阶段修改了最初的想法。

我们最初希望那些当时恰巧在大屏幕附近的"即兴公众"(contingent public)能够参与进来。考虑到目的是为了激发并支持陌生人交往的开放过程,传授的舞蹈动作需要足够简单。同时,舞蹈动作对于参与者必须有意义,能够成为跨文化交流过程的基础。为了开发出合适的舞蹈动作,舞蹈家们与两座城市的年轻人合作。[24]舞蹈家们举办工作坊,邀请参与者们"捐献"他们自己的舞蹈动作供项目选用。舞蹈家用一些问题(例如,你怎么用一个动作来表现澳大利亚或韩国?你最喜欢的舞蹈动作是什么?什么动作能代表高兴?以及你怎么用动作来跟外国人打招呼?)来启发即兴的舞蹈动作。澳大利亚和韩国的舞蹈家随后将征集来的舞蹈动作最终浓缩为2分钟的动作库。

为了在屏幕之间建立关联,项目决定使用Skype的连线服务而非专线连接。[25]这么做出于几方面考虑,但最重要的是因为我们希望设计一个简易且可重复的公共事件。与此相关,我们还想以更扎根"本地环境"的形式举行"Hello"项目,彼此连接的屏幕会被留白成为公众自由发挥的舞台。像Skype这样廉价的连接能够帮助我们实现这个想法。但是后来其他方面的成本使我们只能一次性地举办这个活动。随着讨论不断推进,韩国的合作者担心"韩国人未必愿意在公共场所跳舞"。事实上,这种担心被证明毫无依据,但我们因此决定设立"舞蹈帐篷"作为指定的"互动区域"(Fatah gen Schieck et al., 2013)供参与者跳舞表演。[26]

所有这些决策结合起来使"Hello"项目有了特别的感觉。每座城市的参与者进入帐篷后会直面合作者真人大小的影像,两人相互鞠躬或挥手致意后，一方就开始教另一方学习舞蹈动作。教学完成后，两人会一同再表演特定的舞蹈动作一次。此后，教授跳舞的一方会离开，新的参与者进来之后，角色发生转变，原来学习跳舞的一方需要教会新人舞蹈动作。虽然帐篷为舞蹈教学提供了半私密的空间，但整个过程都会在两座城市的大屏幕上被实况播放出来。

作为特点，“Hello”项目结合了半隐私和公共的表演，使舞蹈传者与学者、表演者与观众之间的角色转换十分流畅。参与者体验了与舞蹈搭档一对一的密集交流，同时也反思了在公共屏幕上观看自己或他人表演的体验。除了让人们“加入进来”之外，我们还想知道身处两座城市的公众如何使用网络化屏幕来进行自发的非语言形式交流。“舞蹈成功”与否的标准并不是参与者能否准确地重复同一组舞蹈动作，而是相互交流过程的质量。我们预计在反复教学过程中舞蹈动作会发生不断变形，就像“拷贝不走样”(Chinese whispers)游戏那样。事实上，有些参与者很为自己能够准确地重复动作而骄傲并担心自己的动作不够准确。但也有人承认会有意地进行即兴发挥。

现代媒介文化的发展深刻地改变了公共表演这一复杂现象。随着普通人登上屏幕的机会越来越多，人们在屏幕上的举止表现也发生了巨大的变化。在公共事件中被镜头捕捉到时表现出尴尬和慎言已经成为历史。尤其是在体育赛事期间，人群现在已经习惯了成为公共表演的有机组成部分——许多观众已经为自己出镜准备好一副“合适的公共面孔”。就像运动员会排演获胜或进球之后的庆祝活动，现在的观众完全意识到自己的形象可能会被搬上屏幕，并相应地做了准备。作为这种情况的衍生，联邦广场上的大屏幕在很多年每天都会播放广场现场某个摄像机拍摄的实况。很多人走过广场时可能并没有意识到自己“在屏幕上”。还有人不仅意识到而且开始有意地为屏幕表演，例如有人会和自己屏幕上的形象合影。有人(多数是孩子和青年人)会去找摄像机在哪里，并弄清如何让自己的形象在屏幕上占据更为显要的位置。如果说这些反应体现了在市中心大屏幕上看到自己形象时带来的新奇体验，这也源于屏幕上的可见性与权力地位之间的紧密关联。如弗罗内(Frohne，2008)所说，屏幕上的可见性不应该被视为表面上的过渡仪式,而是构成了当代主体性的重要标志。

在这个历史背景中可以更好地理解"Hello"项目的意义。预计摄像机的存在会改变人们的行为,"Hello"项目的设计使得参与者不太容易利用他们熟悉的表演方式。无论如何,"Hello"事件的设计偏离了大家参与电视体育赛事或实况音乐会时熟悉的角色和预期。此外,我们在事件之前也有意地减少广告宣传,为了让参与者对于活动没有太多事先的预计。不少参与者的反应体现了这种对于活动预期的不确定性,例如,有人担心自己是不是做对了动作,还有人担心别人会怎么看待自己。相关的评论包括"动作很难,很不好学","不知道做什么","担心别人会怎样评价自己的动作"等。但是比这些担忧更明显的是大多数参与者体验到的愉悦感。微笑甚至大笑是最常见的表情,更多人评论这种在不同城市参与者之间新的"连接体验",评论包括:"澳洲人在看我,在跟我学跳舞,这太棒了";"这种仿佛联系在一起的感觉太好了";"我们用身体说话,所以虽然不说同一种语言但感觉却很接近";"很享受跳舞过程";"不用语言交流,我们还能通过身体语言";"今天的经历让我觉得我能干成任何事"。

我们怎么理解这些评语呢?他们描述的交往是小规模的,但这种交往用丰富的材料提示我们公共屏幕如何培育文化交流新的规则,其中包含了亲密和玩乐的元素却未必建立于人们彼此相识的基础之上。相反,在陌生人自发合作传授舞蹈动作的过程中,"传播"从他们即兴的彼此回应中涌现出来。

在讨论公共领域情感交流的更深层意义之前,我最后想描述一下2012年年末举办的城市媒介事件"澳大利亚-韩国舞蹈比赛"。考虑到年轻人通常在公共空间中成为被边缘化的行动者,项目旨在举办一个针对年轻人的公共事件。最初我们简单的想法是将公共空间的部分照亮后,成为任意公众可以占用的"舞台"。但项目最终发展为一次更为正式的嘻哈音乐竞赛。这种转变是多个因素共同发挥作用的结果。"Hello"项目之后,很多韩国的参与者表示希望提高图像质量,以便更清晰地看到舞蹈伙伴的面貌。为了有更高的图像辨识度,我们需要租用专门的连线代替Skype。[27]随后,珀斯的北桥(Northbridge)地区出现了新的屏幕,为我们试验将三个城市连起来提供了便利。但这就需要更好的视觉切换功能。随着事件的发展开始要求音响系统、DJ 和 MC 等功能，资源的限制迫使我们只能一次性地举办这样的事件。最后的设计中包含了各个城市的舞蹈表演演示、公共舞蹈课和自由发挥的开放式舞台表演等环节。

邀请专门的舞者（哪怕是业余选手）不可避免地提高了公共参与的门槛。对多数人来说，在公共场合站上舞台跳舞要比发手机短消息困难得多。所以这一项目的重点更多落在了观看行为上。另外，舞蹈竞赛恰逢鸟叔《江南 style》风行全球：这意味着这样的比赛吸引了不少媒体报道。因此，比起以前的项目，这一活动吸引了更多观众：几千墨尔本居民、几百首尔和珀斯的居民观看了这一事件。由于所有这些原因，这一事件就公共参与而言比以前的两个项目更为结构化。

在这样的背景下，我想指出两点。第一，正因为发生在城市中心的公共空间，舞蹈比赛吸引了多样化的观众。这不仅是指种族和文化背景上的混杂（这种混杂在墨尔本很正常），而是突出了这样的地点位置吸引自发旁观者的能力。很多原本不会主动选择收听嘻哈音乐或观看嘻哈舞团表演的路人偶然看到了这一事件。有不少选择驻足观看并参与其中。第二点与事件的时间框架有关。整个舞蹈竞赛持续了超过三个小时，事件多少创造出一种街道庆典或者集体狂欢的氛围。不仅舞台或屏幕上的舞者，围观的公众也共同构成了表演的组成部分。尽管涉及不同屏幕与舞台之间的协调，但人们在舞者与观众之间的角色转换依然十分自由顺畅。事实上，常常是年轻人（孩子和青少年）更有信心进行这种角色转换。

虽然舞蹈竞赛在支持对公共空间的挪用方面并不独特，这一事件的特殊之处在于使用网络化大屏幕来组织社会交往，交往的基础是参与者与即时和中介化他者在公共场所一起跳舞。这体现出当代“城市媒介事件”重要的阈限属性。在第二代屏幕技术支持的网络化公共空间中，“交往的规范”尚未完全成形。这一类事件鼓励公众体验、反思如何实践，并不断通过商议形成新形式的社会交往互动。除了公共空间传播可供买卖的默认看法外，这些作品提醒我们，参与式的文化体验能将全球身处不同城市公共空间中的陌生人联系起来。循着如此不确定的路径，一种新的公共文化或可在与不同他者的交流互动中就此诞生成长。

作为公共传播平台的大屏幕

结束本章时,我想要集中讨论一下大屏幕作为公共传播设施的一些更深层的含义。1957年,居伊·德波提出对远程通信的另类使用或可创建新类型的城市场景:“我们可以想象比如说一个特定场景某些方面的电视画面被实况传播给身处其他地方的另一个场景中的人,由此创造出两个场景之间彼此的修改和相互干预。”(Knabb, 2006: 41)

第二代城市屏幕的新近兴起启发我们不仅反思为何现代城市的传播基础设施为商业形式所主导,更开始思考其他可能的选择。对大屏幕的探索性使用创造出新的城市媒介事件,意味着存在新的路径来形成临时性的微观公众(micro-public)。它们标志着通过独特形式的庆祝、纪念、抗议和玩乐来挪用公共空间的各种新的可能性。它们显示出公共传播设施具有战略性的能力,将公共空间向群体氛围“开放”,并支持各种松散的、未经完成的或者不完整的城市主义形式。公共交流超越了民族国家界线的方式,不必然采用抽象形态或吸收本地的各种差异。我上文讨论的例子,包括我们的研究项目证明公众乐于接受“与他人共处”的新奇体验所产生的“干预”。

这不是说大屏幕提供了增强公共参与和提高城市公共性的万灵药。屏幕作为公共传播平台仍然困难重重。要实现我们研究项目最初的目标,生产出低调且融入周边情境的事件被证明十分困难:虽然在技术和审美上完全可行,但这样的事件不符合我们合作机构对(公众参与及其结果)确定性的需求。影响运营的因素之一是城市中心位置的大屏幕相对昂贵。位置上的中心度一则使屏幕有了更强的象征意义,但也减少了更为灵活便利的使用。另外,虽然能够支持集体公共观看,但大屏幕也存在主观的明显的容量局限。不是每个人都有机会设定屏幕程序或能在屏幕上播放自己的内容。公共空间屏幕的发展历史证明公共可见性并不必然意味着广泛的公众都能获得使用屏幕的机会。但显而易见,比起原本的情形,公共屏幕可以更为开放地加以使用。

屏幕的选址很重要。屏幕的位置、屏幕与周边空间和结构的整合方式极大地影响了屏幕会如何对公众“言说”或向公众提供相互交往的平台。常见的做法是将屏幕置于高楼大厦之上，保证广告和品牌推广需要的最大可见性。但这样不能支持我描述中更为复杂的具身传播实践。如布莱恩·霍姆斯（Brian Holmes，2012）所说：

> 在上海和中国其他的大城市，整个建筑都会在晚上成为屏幕，主要用于广告目的，有时候也有政治宣传内容。决定城市视觉体验的权力征服了人们的感官，由此，个人的自我意识受到了阻碍。这提供了让人印象深刻并使人警醒的屏幕体验。

屏幕与场所的融合不只是个简单的技术问题（例如如何建造和大楼一样大小的媒体外墙面）（Schoch，2006；Hausler，2009）。相反，这需要我们思考特定场所如何在地理媒介的背景中作为整体发挥作用。就此还有许多我们不知道的东西，这意味着我们需要在建筑师、城市规划师、媒介、艺术家、技术专家与互动设计师——最为重要的是不同公众——之间创造出新的合作机制。

如果安装任何人都能开启并播放自己内容的“即插即用”城市屏幕，公共空间会成为什么样？就好像以演讲者之角和网络论坛等不同形式提供的开放空间一样，这样的想法总会面临诸多实际的挑战。例如，怎样处理色情信息或政治上有争议的信息？谁来决定信息出现的顺序？我提出这些假设性问题并非想暗示把屏幕向公众完全开放的做法立即可以实现。我想强调，这只有在公共的“使用文化”足够成熟，能够通过正式和非正式的规则有效规范用户的内容生产，处理和接受之后才能实现。[28]这种整合生产公共空间不同模式所必需的文化发展不会从天而降，而只有从实践与试验过程中才能涌现出来。但是如果公共传播仍受到现有商业传播模式的束缚，由市场决定城市街道上能够听见和看到什么内容的话，这种文化的发展就可能胎死腹中。

如果我们将第二代城市屏幕置于对公共领域两种不同理解的交汇点上

理解,或许能对城市屏幕的历史意义有更全面的把握。一方面,经典的公共领域被认为植根于物理空间,例如市场、集市、广场、街道以及哈贝马斯(Habermas, 1989: 33-34)所说的咖啡馆(18世纪资产阶级政治公共领域最主要的场所)。另一方面,大众媒介的崛起,包括报业的产业化和广电的机构化趋势,逐渐代替了经典的公共领域。对哈贝马斯而言,媒体构成了20世纪后期公共领域最主要的机构。

第二代城市屏幕将电子媒介支持的实时远程见证带回了公共空间,使其成为集体性的具身体验。由此出现的新型的公共领域将原来两种公共领域概念中的主要元素以独特的方式重新组合起来。与全球卫星电视支持的抽象的"全球公共领域"对比,第二代城市屏幕将原有公众集会的逻辑与"媒介事件"新的逻辑关联起来,构成了被我称为"公共媒介事件"的新形态。在这样的城市媒介事件中,马西(Massey, 1994)描述的空间"开放性"得到了强调,具身情景化的社会互动与具有全球影响的媒介实践联系起来并塑造了后者。在这个方面,第二代城市屏幕构成了数字技术城市化的主要场所(Sassen, 2011c),情景化的社会实践塑造了中介化过程,对实时连接的实验性应用重新设定了社会交往的逻辑。

城市媒介事件创造出来的具身网络化微观公众还提供了培育新型世界主义体验、支持不同城市和国家的陌生人进行自发互动的可能性(虽然这种可能很大程度上还没有实现)。在利用网络化城市屏幕建构"跨国公共空间"的过程中,我们学到最主要的教训就是,这样的平台并不只(甚至并不主要)适用于被哈贝马斯认为是政治公共领域基石的理性批判。就像巴特勒(Butler, 2011)所说,在公共空间存在总归是与他人共处的具身关系。像"Hello"这样的城市媒介事件以独特的方式结合了具身互动、远程见证和分散性的公共展示,突出了情感关系对于当代公共领域的重要性。情感定义了具身体验的形态。其中,与他人即兴的自发交往能够成为创造情感氛围的基础,也可以培养新类型的社会技能,即被桑内特描述为公共文明的合作力量。这样的公共文明不是"亲密性"的结果,而属于经验的分享。公共文明通过商议形成不被任何人控制却在相互交往中(例如舞蹈、游戏、故事、与空间或技术系统的关系等)浮现出来的行为准则而得到实现。发展跨越不同民族国家空间的文明形态，需要建立实时的文化转译过程（Barikin et al.，2014）。文化转译在当代全球社会中一直在发生，多少体现出宽容度、敏感性，并获得了成功。文化转译是否成功取决于是否愿意承认他者的差异，并意识到这种承认的不全面性。但它同样也取决于是否愿意探索共同之处——我们从差异中并通过差异进行共享——并承认所有关于共同点的表述都是不稳定的建构。

若公共文明从来就不是一组固定的规范和礼仪，网络化资本主义的全球环境显然更突显了其不稳定性。虽然很多人担心公共文化的未来以及公共空间的“消失”，但“媒介”在重塑原有公共交往形态方面的作用却常常被简单化为新旧更替。与此对比，我认为，正是在类似第二代城市屏幕形成的新的公共空间中，围绕全球社会环境中社会交往的诸多可能性和各种张力才能开始得到回应。

当我们不断地与其他地方的“当下”连接起来之后，“此地”的局限性究竟何在？远程见证和公共连接的新体验如何改变个人和集体的身份认同以及被斯蒂格勒称为“个人化”（individuation）的复杂过程？若21世纪公共空间可能惯常地包含了由早先公共领域空间化的不同形态交叉形成的跨国维度，那么针对这一联结的批判分析必将成为探索未来如何行使对城市的权利的重要领域。这样的体验或许对于播种后民族国家凝聚力的种子至关重要。如斯蒂格勒所说，新的凝聚力是超越目前全球“堕落”困境的必要条件。

重构公共空间

亚里士多德曾对传统城邦中的人口上限作出过著名的解释，指出城邦边界的过度扩张将使治理出现问题：谁能够作为将军统领如此多的人口？除了像荷马史诗《伊利亚特》里那样的神话人物“大嗓门”斯坦特（Stentor）之外，谁又能向巨大的人群传递信息呢？（Aristotle，1984：2105）亚里士多德的说法在今天读来，与其说是对古典政治的准确总结，还不如说反映了当前与古典政治基本前设之间存在的鸿沟。这不只是说城市规模正在发生几何级数的增长，更是指人们获得了传播与保存“讯息”的新能力。如今，几乎任何人在恰当的场景中都能成为亚里士多德所说的“大嗓门”。这不是说每个人都能发声或都能同样被听到，而是意识到“媒介”对“政治”的重新界定意义深远又错综复杂。

亚里士多德还为限制城邦大小提供了第二个理由。他认为：“在人口过于密集的城邦中，异乡客和侨民将会很轻易地获得公民权，谁能够将他们辨认出来呢？”亚里士多德接着又说：“很明显，城邦最佳的人口数量应该能充分满足生活目的，并且所有人能在肉眼一望之间尽收眼底。”（1984：2105）对亚里士多德而言，政治权威取决于城邦成为高度同质化的文化空间，统治者“一眼”就能看到城邦的全景全貌。如果这一理想在过去听上去像天方夜谭，那么如今距离成为社会现实更遥不可及了。两个世纪的大规模移民为高度多元且多变的城市居住形态创造了条件。

尽管政治体制和政治治理都已经发生了变化，亚里士多德对于城邦治理的思考提出了一些在今天看来仍有价值的问题。国家仍然需要对公民权进行主动的管理控制。虽然城市的规模和复杂程度前所未有，但全面监控城市的需求却与日俱增。然而，在巨型城市的时代，再也不能依靠肉眼凡胎的“一目了然”将城市净收眼底，而要依靠新形态的技术整合：例如那些整合了多样化的数据采集功能（包括现场视频监控、感应器网络、无人机、智能文件系统等）的“控制面板”能实时展示“智慧城市”中各种信息的流动状况。经由城市设计达成的政治统治正在被朝着有利于数字治理的方向作出调整（参见柯布西耶[Corbusier]在1923年的著作《走向新建筑》[*Towards a New Architecture*]中有名的结语“建筑或革命”[1946：256]）。同样意义重大的是，这些技术的操作和数据分析技术不再是国家的专属领地，越来越多的私人企业通过与各类政府部门（尤其在城市公共卫生、军事科技和本地社区治理等领域）的合作参与其中。正是这样的大背景推动了关于未来城市公共空间的讨论逐渐转向关于地理媒介、智慧城市和数据协议的设计和治理等话题。

在本书中，我着力探索了城市公共空间面临的新情况。今天，城市公共空间作为“接触区间”正变得越来越重要：人们试验性地创造并再造与他人发生关系的规则。我选择聚焦于地理媒介与公共空间之间的关联，并非因为数字技术是网络化公共空间的简单起源或唯一动因，而是因为数字技术与城市居住、社会关系和权力行使等方面的转型越来越紧密地纠缠在一起。在本书末尾，我希望将这些维度与技术在当下社会生活中已被改变的结构性地位联系起来。将地理媒介置于如此历史背景中讨论为理解当下发展产生的效应提供了情境。它帮助我们意识到技术的暧昧在多大程度上将我们集体的未来“放上了赌桌”。

资本主义与技术特有的关联长期以来构成其重要特质。这不仅简单指生产依赖新机器，各种机器最终构成了工业化生产系统，更涉及逐步推进地将旧有的技术发明过程融入组织化的创新系统中。马尔库塞（Marcuse，1998）在1941年就提出，“技术理性”之所以获得主导性地位取决于这一新的时间性，其中创新不再来自发明，而是越来越多地被事先按程序安排。斯蒂格勒（Stiegler）认为：

> 如今，技术转移中的延迟越来越小，直接导致了技术发明与科学发现之间的边界的模糊。研究取向大量被工业目的所控制。（对技术的）预期在最为全球化的水平上受到投资计算的指挥——集体决策，时间

化——简而言之，投资计算背后的技术经济因素共同决定了命运（1998：42）。

如此技术理性或科学—技术混合体的出现并不会像许多大众媒体在宣传新产品时宣称的那样使技术获得“独立自主”的发展。但技术确实开始取得“领导性”的地位，在社会文化、经济或生物等与之相关的其他系统中制造出不断增长的新的不稳定性。斯蒂格勒借鉴了西蒙栋（Simondon）的观点，认为“工业技术客体”系统的出现开始逐步改变人类欲望的内部形态，“需求围绕各种工业技术客体形成，并因此具有重塑文明的力量”（Stiegler，1998：73）。[1]斯蒂格勒由此推论：“我们的时代特有的生态问题只有从这个视角看才有意义：新的技术—物理状况和技术—文化状况如何达成新的动态平衡，规则再也无法确切得知。”（1998：60）正是在这样的历史背景中，技术系统与其他系统间的关系成了当前“越来越关键的问题”：未来时间的组织形态都取决于此（1998：41）。

新的技术环境并非始于数码技术，但数字平台和网络的发展对于新技术环境的影响范围、效果强度和不稳定性尤为关键，尤其是推动了技术客体和技术系统与越来越多日常生活领域的融合。随着结合了媒体、通信、信息和计算技术的数字网络越发与日常生活的节奏和实践融合，原本未加利用的社会生活领域都被转变为“资源”，成为海德格尔（Heidegger，1977）所说的“自然资源的常规存储”在当今社会的信息化等价物。当“生活”的所有方面都可能成为常备资源，社会关系和权力的形式就开始发生变化。在一个层面，社会关系不再围绕着那些受传统地理和空间接近性制约的过程，而是越来越体现出斯科特·拉希（Scott Lash）所说的“远距离”逻辑。各种类型的社会交往都依赖对于大范围移动和不间断中介化的需求，两者组合促使实践从空间背景中脱域并导致各种社会交换形式的加速。拉希认为，作为后果，社会关系不再基于嵌入空间的生活形态，而是在本质上已经成为“传播”过程：

传统社会关系的式微吸引了来自左右两个阵营的大量的学者的评

> 论。更具体地说，体现民族国家制造型社会霸权秩序的社会关系正在衰亡。在全球信息社会中，社会关系被缩减为传播。尼克拉斯·卢曼(Niklas Luhmann)深刻地认识到了这一点。他指出，社会关系是长期的、嵌入式的和基于空间接近性的。而传播被假设为短期的、脱域的(哪怕是面对面的交流)，并且通常在某种意义上讲是远距离的(2010：143)。

作为同一过程的构成部分，社会权力的运作也开始发生变化。转型的其中一个维度就是权力越来越聚集到类似智慧城市、数字档案、搜索引擎和社交媒体平台这样复杂的技术聚合体中。理解加洛韦(Galloway，2004)所说的“技术协议权力”，或莱斯格(Lessig，2006)和贝里(Berry，2011)提出的“编码的操作”，或贝尔(Beer，2009)笔下(沿袭拉希)的“算法权力”等概念并不容易，部分因为计算和软件运行常被隐于后台。即便不受排他性的知识产权制约，它们也构成了斯里夫特(Thrift，2004)所说的“技术无意识”。这就带来了风险。克朗和格雷厄姆(Crang & Graham，2007：811)等人将其描述为“将一系列决策以及与这些决策关联的伦理和政治问题都交给各种隐于后台的智能系统”。因为依赖专业知识，发展对这个领域的理解和影响受到了限制。随着“手写编码”越来越多地被“工业化处理的编码”(指利用别的软件系统来编写程序)替代(Berry，2011)，对专业知识的依赖变得愈发严重。贝里提出：

> 理解计算机编码和软件本来就不容易，但当编码和软件被植入分布在不同地理位置而且彼此相互依赖的复杂技术聚合体后，难怪我们对这些系统和作为编码运行的技术至今仍无法理解(2011：99)。

由于上述原因，关注计算信息系统的物质性及“逻辑”，包括它们如何重新设置其他系统及其所处的环境就显得无比重要。同样重要的是不能将这样的分析孤立起来。为了避免“编码”成为另一种技术决定论的说辞，对算法权力的分析需考虑社会体制、法律和管理环境、商业模式和技术使用文化等使之具体实现的因素。我在考察谷歌街景、数字公共艺术和作为公共传播平台的城市屏幕的发展时就试图做到这点。

理解当代权力的转型不仅要意识到“技术主体”新的形态。拉希认为，我们正在进入“后霸权”时代，居高临下的权力慢慢被通过“创新发明”运作的权力替代。权力越来越内在化，而不再是源自外在的支配关系：

> 在后霸权秩序中，权力支配也可以自下而上发生。传统的支配形态和新兴的内在权力形态彼此融合混杂，边界越来越模糊。霸权是自上往下的。它源于外在，居高临下。在后霸权秩序中，权力运作却来自底层：权力不再外在于其“生成的后果”(Lash, 2010：137-138)。

支配与创新边界的模糊为我所说的数字技术的暧昧提供了背景。数字技术崛起并通过地理媒介形态逐步融入日常生活，已经催生出各种新的传播实践、新的集体性和新的共同性。但与此同时，数字技术也是被拉希称为“后霸权秩序”的新的权力支配形式得以形成的主要领域。若日常“生活世界”正在变得越来越中介化和技术化(也意味着商品化和品牌化)，可以推论，目前的媒介系统将表现出更强的“参与性”和自我组织能力。按拉希的说法，原本牵涉广泛并通过商品和官僚等级制国家运行的支配权力如今已经发生了剧烈的转型：支配权力成为非线性且循环往复，并通过传播和递归反馈的微观过程来得以实现：

> 现在，支配要通过传播。传播甚至与规训权力不同，并不高于我们。相反，传播就在我们中间。我们在传播中遨游。当支配通过传播实现时，主权和民主的含义都必须重新思考。尽管权力支配越来越多地通过媒介实现，但却从来没有像今天这样直接即时，如此不加反思，如此缺少单独的话语合法化领域。合法化不再通过话语而是通过利奥塔尔(Lyotard)所说的述行(performance)完成。长期的变化带来了长期决策主义(chronic decisionism)。……我们生活在长期决策主义的时代：合法化作为一种支配的形态已被述行代替(Lash, 2010：144)。

“长期决策主义”不只是消费社会中人们对这个或那个商品的选择，更与个人如何作出与广义生活轨迹相关的各种选择紧密相关。传统形态的归属感建立在共同经历的基础上，而共同经历的产生常取决于地理的接近性和社会生活的连续性——例如终身服务于同一雇主或长期居住在同一地点——但对于很多人而言，这种传统的认同正变得越来越无法确定。要求个人“匆忙”地反思重构自己的身份认同的压力越来越大，迫使个人承担了更多责任来“商议”不同层面的“生活选择”（教育、就业、卫生健康和作为媒介建构的自我呈现等）所产生的风险。虽然增强的个人自主或可被体验为新形式的“自由”，但作为结果，许多集体交往并获得共同经历的传统形态和场合逐渐减少。与决策主义携手而来的是一种不断进行评估的文化，越来越多的生活领域开始接受各种形态的“述行评估”。

这样宏大的历史背景能帮助我们理解地理媒介作为条件所产生的后果，人类环境所有的侧面都变得可以调整，成为能够产生经济价值的技术。斯蒂格勒将这一趋势与数字作为技术客体的历史具体化（concretization）过程联系起来：

> 技术客体将自身的“自然条件”与人类理性融合，并将自身同时自然化（naturalization）。技术客体严格遵守这些条件以实现自身的具体化，而这一过程同时也激进地改变了条件。在如今数字技术的信息维度中可以观察到这样的生态现象，支持了一般化“述行性”（performativity）的发展（如现场传输技术、实时数据处理技术，以及由此产生的各种倒置）。但是，人的环境，也就是人的地理而非物的地理与具体化过程发生了融合，这种具体化过程不应以技术客体或技术系统作为尺度来加以认识（Stiegler，1998：80；加以解释）。

在此背景中，技术文化因素如此强烈地塑造了我们对社会性的感受，以至于哪怕面对面的交往从某种程度上讲也体现了“脱域”（Lash，2010：143）。那么数字技术如何才能被重新定位，生产出斯蒂格勒描述的“启动”效果，帮助人们摆脱当下的社会危机呢——资本主义除了无限制的消费之外,再也无法让人相信任何其他价值观?

我认为,这正是从传统媒体向地理媒介的转换可能带来的历史机遇:城市生活的常规和日常生活越来越多地被按照"大数据"和"操作档案"的方式编织到各种数据网络。只要目前深刻的技术结构重组仍旧与当代资本主义体制捆绑在一起,结果就会带来商品化逻辑前所未有的扩张。工业发明作为创新系统的结构变动会转变为对个人创新能力的要求,将个人的身份认同变为竞争性自我评估和自我营销的过程。斯蒂格勒认为,这样的过程会导致"危险的自我否定和对未来信仰的丧失"(2011: 28),并形成恶性循环使针对全球挑战的讨论被民族冲突、宗教矛盾和政治斗争带来的怨恨代替。

然而正如我先前所说,尽管——或正因为——数字技术对日常城市时空的殖民,数字技术发展也可能是解决当下困境的法门。全球分布的传播平台出现后,为满足发展后民族国家时代的凝聚力这一迫切需求提供了具有深远历史意义的可能。如果重新思考这些平台运作的条件形成了挑战,那么如让-吕克·南希(Jean-Luc Nancy, 1991)所说,这其实就要求重新思考"传播本身"。方法之一就是聚焦于传播与"社区"构成的关系。当下的任务是重新想象当我们无法按传统将"野蛮人"视为纯粹的"外来者"时,如何在城市中栖息居住或与他人建立关系。我在本书中试图强调,今天地理媒介和城市公共空间的交叉领域提供了帮助人们完成新的政治任务、重新想象传播、共处与居住实践的战略场景。

我早先还提出,在地理媒介背景中重新思考"传播"的问题还有一个常被忽视的维度。与此相关,对媒介的思考很大程度上已经成为西方哲学最为看重的话题之一。如德里达(Derrida,1976)所说,形而上学在起点上突出了"在场"概念的优先地位,主要扎根于由当下时刻的优先地位所主宰的时间观。[2]这一历史上的优先地位与其他发展紧密相关,标志了特定的历史发展并开启了新的主流历史观。我早先讨论过柏拉图将"拟态"(再现、图像、写作、符号等)界定为次要关系,将其理解为被修改过的在场形式。在现代性中,将在场和缺席对立起来的理解(以及与之紧密相关的线性时间观念)与充满矛盾的媒介技术研究紧密勾连。媒介或被认为"仅是对真实的再现"

因而从属于“现实”，或被理想化地视为对在场中立的“传输手段”。无论被视为管窥世界的“窗口”“屋子中最佳的座位”，还是如今与亲朋好友每时每刻保持联系的手段，媒介都被认为是对抗和战胜“缺席”的利器。

这样的观念如今带来了新的难题：一方面，媒介呈现被认为是“从属性”的；另一方面，大量的“直接经验”（现象学的定义）如今都和实时的“中介化”实践结合起来。两者的矛盾在当下越来越明显。但这并未启发人们基于技术环境的变化重新思考在场—缺席间的二元对立结构以及我们基于此对中介和直接的理解，反倒导致了更严重的技术决定论。数字技术的大量涌现将超越距离、从属性和缺席。数字技术已经失去了许多原有乌托邦式的属性，取而代之的是越来越多的赤裸裸的技术绩效指标：更快的速度、更大的带宽和更高的分辨率等。

如西格弗莱德·克拉考尔（Siegfried Kracauer）所说，把历史和哲学勾连起来的做法既引人入胜又风险重重。然而，我发现将“媒介历史”视为不断重构“在场”的复杂场景获益良多。此处所谓的“媒介历史”指的是斯蒂格勒（1998）描绘的广义的媒介史：从原始人的壁画到电影广播和数码技术的发展都被视为人与技术相关而非对立的关系在进化过程中所遵循的“语法规则”如何在实践中非线性展开的不同阶段。随着神学式微，速度成了新的金科玉律。现代媒介——以各种“远程”直到“远程在场”为特点——都成了追求“此刻当下”的主要工具，并催生出居于“绝对此刻”的神秘的现代性愿望。目的是达成对自然甚至是对时间本身的现代性征服。但正如海德格尔所说，我们在这方面的努力注定令人失望：我们越是想要占据“此刻”，“此刻”越是难以把握。

如今，地理媒介的主要导向意味着“居于当下”的努力以竞争和征服事件、时空和各种资源的欲望为标志。这样的努力难以适应多元化的世界。恰恰相反，我们体验到社会时间完全被交换价值主导。在对当下的追逐中，被技术增强后的人通过地理媒介无时不在、无处不在的实时连接，似乎能够突破时间、空间和物理的限制。但实际上，这样的追逐越来越使人疲于奔命、不堪重负。原本被想象为发生在国家与企业间的竞争，如今正扩展到个人的心理领域，并在此过程中生产出新的生活节奏、新的主体性和新的焦虑情绪。

把我们自己从这种糟糕的困境中解脱出来并非易事。在本书开卷,我提出我们如何回应“对网络化城市的权利”的问题不但会决定我们将会居住在怎样的城市,而且会决定我们成为怎样的人。结合此处的讨论,寻求另类路径并非要秉着“直接”的名义来抵制媒介,而是要重构媒介的主导形态和发展趋势。我们尤其要意识到,长久以来将人视为自然存在并将技术视为侵入性“他者”与人对立起来的看法同我前文描述的对“媒介”的片面极端化理解关系密切。改变同媒介的关系需要借助与此不同的理念。

如果斯蒂格勒所言不虚,“技术”是人不可分割的构成,是人之所以为人的可能性,那又如何呢?那就必须把媒介理解为所有直接的社会关系中所谓的“来自内部”的构成部分。虽然这个判断说来简单,但我不想错误地低估其实际应用中的复杂性。基于与线性时间观念紧密联系的“在场”(presence)和“丰富”(plenitude)来思考“存在”总是充满了悖论:悖论尤其出现在“意识”与作为记忆的经验档案的关系上。自尼采和弗洛伊德起,这些关系就多少受到了质疑,但我们理解媒介的主导范式却至今尚未被替代。

通过此书,我想表明的是,地理媒介与城市公共空间之间的纽带如今已经成为我们尝试重新理解数字和技术问题的关键场景。这要求我们抓住日常生活不断增加的中介化,将其视为探索“在场”形而上学所蕴涵的各种历史悖论的“门径”。如此,我们或可分辨并发展出新的实践:社会交往形式,与他者的关系,与千里之外或近在咫尺的他者共处的方式。这些新的形态与原有的逻辑无法全然吻合。正是通过这些空间和实践,我们或可开始更好地认识当下在长期被中介化的面对面关系中,正在发挥作用的复杂的时间性,并意识到高度差异化、迅速移动并以不同方式利用城市空间的居住者之间究竟存在着怎样的共同性。

注　释

前　言

1　对这一历史性的转变有不同的描述。韦泽(Weiser,1991)称之为“普适计算”(ubicomp),还有类似“知觉城市”(sentient city)(Crang & Graham, 2007)、城市信息学(Foth et al., 2011)和亚当·格林菲尔德(Adam Greenfield, 2006)所谓的“无处不在的软(硬)件”之类的说法。无处不在的特性对于媒介与建筑间彼此不断增强的相互依赖至关重要。我之前将其称为“媒介建筑复合体”或“媒介城市”(McQuire, 2008)。

2　整合地图制作、统计学和数据库技术的 GIS 系统最初于 20 世纪 60 年代由加拿大研发成功。而 GPS 或全球定位卫星技术最初由美国军方研发并在 1973 年投入使用。GPS 在 20 世纪 80 年代越来越多地被用于民用。但关键转折发生在 2000 年 5 月 1 日。当日,美国总统克林顿下令取消对 GPS 技术“选择性民用”的限制,将民用 GPS 的精度从 300 米提到了 20 米。

3　关于谷歌,参见施普克(Schepke, 2010)。各种行业报告自此后都强调了移动定位服务对于数字媒介市场的重要性。虽然具体数据因为研究方法不同而有差异,但来自 Juniper (Sorrel, 2014)的报告预测,五年内市场整体将翻三番,从 2014 年的 122 亿美元增长到 2019 年的 422 亿美元。其中差不多四分之三的价值来自移动广告收入。

4　我的看法和维里利奥不尽相同。维里利奥将实时传播理解为传统的“实在当下”与“远程在场”形成的他处之间的对立(Virilio, 1997: 10-11)。后者相比前者总归次要。我却以为,无处不在的数据网络激发我们基于对“在场性”问题形而上学的思考,从而重新理解“直接”与“中介”间的关系。关于对维里利奥人本主义形而上学的批判，请参见我2011年的作品（McQuire，2011b）。

5 如德里达（Derrida）所言，对于拟态的“柏拉图诠释”几乎影响了整个西方思想史。首先，“现实”是第一位的事情本身，有血有肉，不容置疑。然后才是对现实的各种模拟，类似基于现实的绘画、素描、讲述、雕刻等等。区分拟态和“真实”构成了秩序的基础。很显然，根据这样的“逻辑”本身，被模拟对象较之模拟者更为本质，更为真实，也更为接近真理（1981：191）。

6 参见城市传播丛书（Kleinman，2007；Jassem，Drucker & Burd，2010；Matsaganis，Gallagher & Drucker，2013）、城市信息学丛书（Foth，2009；Foth et al.，2011，2014），以及媒介建筑双年会上的书目（Eckardt，2007；Eckardt，Geelharr & Collini，2008）。

7 例如，卡隆和拉贝哈里苏（Callon & Rabeharisoa，2003）提出的“野外研究”问题意识，以及席克、科斯塔科斯和佩恩（Fatah gen Schieck，Kostakos & Penn，2010）提出的与城市媒介连接。

8 斯蒂格勒认为，“解构是对构成（composition）的一种思考方式：从构成比对立（西蒙栋［Simondon］称之为“转导关系”）更早的假设出发，进行思考”。换句话说，这个术语与其表述的关系密不可分（关系之外术语无法存在）（2001：249-250）。

9 在《逆风》（*Counter Blast*）一书中，麦克卢汉认为，“新媒体并非人与自然的桥梁，他们就是自然”（1970：14）。

10 基特勒认为，“相比其他理论家，哲学家们尤其忘了追问哪些媒介支持了他们自己的实践”（2009：24）。当然也有例外，例如德里达和斯蒂格勒等哲学家便不在此列。我在第五章将继续讨论这个话题。

1　媒介与公共空间的转型

1 自从20世纪40年代起就有人开始批判闲暇时间的商品化，但目前情况已经出现了重要的变化。比较明显的例子包括数字游戏：玩家不仅投入时间和劳动来创造出游戏中的“情节内容”，玩游戏过程本身还产生了能够增加游戏平台所有人价值的数据。这种逻辑现在超越了传统模式的娱乐和休闲，越来越多地扩展到日常“生活”诸多领域的追踪和测量（就像在“量化自我”活动中那样，这包括了个人的社会交往、移动、饮食起居等）。

2 在沃思写作的城市背景中，来自国外的移民甚至超过了来自本国农村地区的移民。到 1890 年前，美国所有城市居民中超过 20% 出生于海外，这个比例在芝加哥、纽约之类的城市中更高（参见 Martindale & Neuwirth, 1958: 12）。

3 沃思为了解释移民在城市特定区域的联合聚集，假设需要建构规范性的身份认同来对抗“失范”的倾向（这也形成了将后来者视为扰乱当地文化的“贫民窟”）。他最著名的书中记录了他 1928 年做的题为“贫民窟”（The Ghetto）的关于美国犹太社区的研究。

4 这并不是说桑内特对城市当下的分析同样乐观。《公共人的衰落》一书描绘了新的公共文明无法超越现代民族国家中占主导地位的政治束缚，并生成跨国的凝聚力。

5 吉迪翁在 1928—1956 年年间担任 CIAM 的秘书长。

6 吉迪翁在现代建筑教育最有影响力的著作中，提倡将车辆与行人、居住区与生产区从结构上区分开。“首先需要减少那些建筑中间将行人、车辆和居民混杂起来的街道走廊，现代城市的基本条件要求恢复交通、行人、居住区和工业区各自的独立自主——这只有把他们分开才有可能。”（Giedion, 1967: 822）功能区分的逻辑启发了战后不少城市的规划，其中包括巴西利亚、印度的昌迪加尔和堪培拉等。

7 联合国（United Nations, 2014: 12）估计，到 2050 年全球城市人口增长中的 90% 将来自亚洲和非洲地区。其中，中国、印度和尼日利亚势头最为迅猛。

8 这些模式包括城市经济随着城市中心文化功能排他性的突出而随即发生收缩。这样的发展可能导致低收入人群进一步被空间分层：包括工人阶级、退休人员、失业者等被越来越多地赶到既无就业机会也缺少各种社会福利的城市外围(Mitchell & Staehl in Low & Smith, 2006)。

9 安德森(Anderson, 2008)认为:"海量数据和应用数学替代了其他的工具。关于人类行为的所有理论,从语言学到社会学都已经被淘汰,传统的分类学、本体论和心理学都变得无关紧要。谁还知道人们为什么如此行动?更关键的成了他们这么行动了,而且我们可以精确地测量和追踪这些行动。只要有足够的数据,数据自己会告诉我们答案。"

10 贝蒂等人提出:"我们认为,参与和自我组织成了建立全球知识资源的基础:这些资源将被设计为公益向所有市民、机构和企业开放。一方面,人们应该清楚地意识到自己正在帮助建立公共知识基础设施,以及他们自己能从中获取潜在利益。另一方面,人们需要对自己提供的数据信息,以及其他人在什么时候如何使用、分析和管理这些数据都有比较全面的控制。只有那些能够在一个被充分信任的框架内提供高质量信息的公共系统才有可能提高参与度。只有大型的民主的参与才能创造出可靠、及时并值得信赖的关于集体现象的信息。"(Batty et al., 2012: 492)

11 基钦(Kitchin)注意到,像伦敦这样的城市中的"城市控制室"能够提供关于"天气、空气污染、公共交通延迟、公共自行车位置、河水水位、电力需求、股票市场、推特趋势、交通监视视频甚至市民幸福指数"等实时信息(2014: 7)。

12 "负担得起的隐私"的说法从吉布森的《神经漫游者》(*Neuromancer*)一书中获得。在书中,莫莉(Molly)在和凯斯(Case)对话前宣称:"这就是我所能负担得起的隐私了。"(Gibson, 1995: 49)

13 在1999年,Sun微系统公司的首席执行官斯科特·麦克尼利(Scott McNealy)提出:"你已经没有隐私了,别再抱有幻想!"社会学家大卫·里昂(David Lyon)认为:"现代社会或许真是生人社会,但没有人能够在其中保持自己的匿名性。远距离非直接的干涉和参与成为可能之后,身体也有可能消失,却也可以为监视目的而重新出现。"(2003: 104-105)

14 除此之外,戈夫曼补充:"尽管有时遭到攻击,但城市街道提供了陌生人

之间日常展现彼此信任的环境。”（Goffman, 1971：17）

15 最早记录于他的1970年的专辑《第125街和伦诺克斯路口的细语》（Small Talk at 125th and Lenox）。德波（Debord）1967年在《景观社会》（*Society of the Spectacle*）中就该立场的理论表述最具代表性。

16 戴维（David, 2014）明确引用了斯科特-赫伦“召集行动”（call for action）的说法，给出“Occupy Streams”行动（http://occupystreams.org）和“阿拉伯之春”这些公民视频记者经常是唯一可用的媒体的主要例子。

17 对于戴扬和卡茨而言，媒介事件由广播电视机构“事先计划”，并不包括自然灾害或者像2001年世界贸易中心袭击那样的突发事件。

18 新的通信系统（卫星技术、数字广播、有线电视等）出现前，大多数国家都有少数几个占据主流地位的城市或区域性广播电视机构。这种情况在20世纪70年代的美国和80年代早期的欧洲先后发生了变化。这种变化在类似澳洲等其他地区多数发生在90年代。

19 戴扬和卡茨（Dayan & Katz, 1992）举了有限的几个例子，包括肯尼迪和蒙巴顿的葬礼、查尔斯王子和戴安娜的婚礼、教皇保罗二世去波兰出巡、肯尼迪与尼克松之间的总统辩论，以及水门事件听证会。

20 如奥斯兰德（Auslander, 1999）所言，“直播”的说法现在也包括了实时重播的语义。24小时不间断报道使得媒体能不断重复重要瞬间。这使得一些美国的电视网络主动停止重播“9·11”袭击的画面：他们意识到如此重复可能会加重人们的心理创伤（参见Feeling, 2004）。

21 以“9·11”袭击为参考，我提出，取决于个人的经历和处境，个人可以在不同的时刻体验这种电视见证的“直接经历”（参见Avital Ronnel, 1994中的“创伤电视”[trauma TV]）。

22 经济指标包括自世界经济大萧条（the Great Depression）以来最为严重的股灾。

23 因此IIE时期国家最为关键的管理目标是限制媒体集中和个别私有企业对传媒的垄断。

24 斯蒂芬·格雷厄姆（Stephen Graham, 2010）认为，目前发动大规模战争十分困难，但在新出现的城市战争形态中，无论敌人还是前线都难以确认。

25 吉特林（Gitlin, 2003）提供了与美国反战运动早期相关的动态的经典分析。

26 包括#jan25（埃及）、#jan30（苏丹）、#feb3（也门）、#feb5（叙利亚）、#feb12（阿尔及利亚）、#feb14（巴林）和#feb17（利比亚）。

27 专业传播人士越来越多地“殖民”社交媒体平台加剧了人们对于公关公司通过向没时间的（time-poor）记者提供内容操纵媒体的担心。

28 调查显示，虽然公众对记者不信任的程度较高，但却有很多人认为搜索引擎是中立的。正如戈德曼（Goldman, 2010）认为，这种想法是有问题的：搜索引擎需要对信息进行区分排序，不可能是中立的。上述讨论帮助我们理解搜索引擎信息把关及搜索引擎算法规则不透明性的政治意义。

2 谷歌城市

1 参见 http://www.google.com/press/annc/maps_where20.html（2014 年 3 月 25 日访问）。

2 在美国之外，谷歌街景服务首先在 2008 年年中于法国和意大利部分地区开通，随后是 2008 年 8 月在澳大利亚和日本。此后，谷歌街景相继在加拿大、新西兰、不少欧洲国家、部分亚洲国家、南非、其他国家（包括巴西、印度[2011 年开始]、俄罗斯[2012 年]）开通。谷歌街景已经将其服务延伸至专门的旅游景区，包括国家公园、艺术馆和博物馆等。

3 与谷歌地球不同，谷歌街景并未制定政策规定更新频率。但考虑到最初的数据获取占据了成本的绝大多数，可以预见那些能提供更大投资回报的地区，它们的数据将会被更频繁地更新。

4 谷歌街景采用较低分辨率反映了谷歌希望网页能够迅速下载展示数据。由于图像经过了多次更新，在一些区域分辨率已经有了提高。

5 值得注意的是，19 世纪 50 年代的照相术可以实时记录图像，处理和保存照片仍旧耗时费力。大多数马维尔的照片是在涂上感光乳剂的玻璃板上制成。摄影直到19世纪80年代才转变为大众媒介，而图像的数字化是一个世纪以后的事了。

6 2011年，Flickr宣布已有60亿张照片。参见 http://blog.flickr.net/en/2011/08/04/6000000000（2016年3月25日访问）。在2013年的白皮书中，脸书报告说，"脸书上已经上传了超过2 500亿张照片，每天平均都有超过3.5亿张照片被上传"（Facebook, 2013：6）。Instagram（成立于2010年）宣称，自己平台上有超过300亿张被分享的照片，每日平均有7 000万张照片被上传。参见 http://instagram.com/press（2015年5月7日访问）。

7 本雅明提出："独特性和永久性在艺术作品中就像稍纵即逝性和可重复性在复制品中一样彼此缠绕。当对于'世界同一性的感觉'增加到一定程度以至于通过复制可以从独特性中萃取同一性时，揭开客体的面纱，消除光晕就会成为感受的重要特点。如此，理论领域中具体表现为统计数据重要性的特点在感知领域也显现出来了。"（Benjamin, 1999：255-256）

8 从2002年11月到2006年6月，谷歌赞助了斯坦福城市街区项目。在此期间，项目的技术被归入"谷歌街景"。推出时，谷歌街景使用第三方浸入系统提供的360度全景而非斯坦福项目提供的多视角全景。参见 http://graphics.stanford.edu/projects/cityblock（2015年3月3日访问）。

9 这一点呼应了大数据带来的术语变化（参见 Savage & Burrows, 2007, 2009）。当然，谷歌街景只是个例：一系列不断更新的抓拍照片。如基钦（Kitchin, 2014：9）所说，虽然大数据号称"大"，但仍是选择性的：受到抽样比例、数据平台、数据分类和管理环境等因素影响。

10 Blaise Agueray Arcas，引用网上的一段视频采访：http://www.microsoft.com/showcase/en/us/details/64f1839f-db93-49cd-8e44-0729fec50ce7（2011年9月2日访问）。

11 参见 http://dziga.perrybard.net（2016年3月26日访问）。第三章将进

一步讨论“开放的艺术品”的出现。

12　凯文·波尔森(Kevin Poulsen, 2007)发表在《连线》(*Wired*)上的题为“想要从谷歌街景中消失？谷歌要你的 ID 和承诺”后来更新为“谷歌减少了繁琐的官僚程序”。

13　这一立场在美国并不完全清晰。如电子前沿基金会(Electronic Frontier Foundation)的凯文·班克斯顿(Kevin Bankston)所言:“这一产品显示了我们宪法第一修正案规定人们记录周围公共空间的权利与个人日常生活中个人保护隐私之间的张力。”(引自 Helft, 2007)

14　有关脸部模糊识别参见 http://google-latlong.blogspot.com/2008/06/street-view-turns-1-keeps-on-growing.html。有关车辆牌照识别参见 http://google-latong.blogspot.com/2008/07/tour-tour-de-france-with-street-view.html(2016 年 3 月 26 日访问)。

15　参见 http://news.bbc.co.uk/2/hi/technology/8045517.stm(2016 年 3 月 26 日访问)。

16　大量投诉担忧房屋内部可能被看到。还有人担心其他网站会恶意使用谷歌的照片。参见 http://web.archive.org/web/20091219043337/http://www.examiner.com/x-16352-Japan-Headlines-Examiner~y2009m9d4-Google-Japan-fights-concerns-about-Street-View(2016 年 4 月 12 日访问)。

17　非法的数据搜集从 2007 年就开始了。谷歌直到 2010 年 4 月 27 日才正式承认这种做法。在 2010 年 5 月 14 日的博客中,谷歌工程研发部门的领导艾伦·尤斯塔斯(Alan Eustace)写道:“这怎么发生的呢？很简单这是个错误。”参见 http://googlepolicyeurope.blogspot.com/2010/05/wifi-data-collection-update.html(2016 年 3 月 26 日访问)。

18　在欧洲,欧洲法律委员会(European Justice Commission)就获取数据是否应该保存以供检查还是应立即删除的分歧提出要有统一的解决方案。委员会发言人马修·纽曼(Matthew Newman)表示:“有些国家表示应该删除数据,有些却认为谷歌应该保留数据以备法律需要,我们如果对于这个问题没有一致的做法就很难形成统一的市场。”参见 http://www.zdnet.co.uk/news/regulation/2011/03/17/facebook-andgoogle-must-follow-eu-privcay-rules-40092179（2016 年 3 月 26 日访问）。在澳洲，当时的通信部长斯蒂芬·康罗伊（Stephen Conroy）将数据抓取描绘为“有史以来对隐私权最大的侵犯”（引自 Moses，2010）。虽然澳大利亚隐私委员会（Australian Privacy Commission）认为谷歌严重违反了隐私法案，但澳洲的立法部门并没有对谷歌征收罚款。谷歌被要求正式道歉并向政府汇报任何谷歌街景在澳洲新的数据收集行为。

19 参见 http://jalopnik.com/5671049/google-street-view-cars-collected-emails-and-passwords（2016 年 3 月 26 日访问）。

20 法国是第一个对谷歌征收罚款的国家，2011 年收了谷歌十万欧元的罚款。德国 2013 年收了谷歌 14.5 万欧元的罚款，意大利 2014 年罚了谷歌 100 万欧元。在美国，谷歌与 38 个州以及哥伦比亚特区达成协议，一共赔付了 700 万美元的罚款。

21 谷歌地图的副总裁布莱恩·麦克伦登表示，街景能够帮助用户看到他们旅行目的地周围的环境。但“我们很快意识到制作地图最好的方法是用图像记录世界上的街道，并随时进行更新修正”（Miller，2014）。

22 苹果公司 2012 年发布的 iOS6 系统是首个未整合谷歌地图的移动平台操作系统。

23 谷歌发布街景应用时采购了第三方的街道平面视觉数据。视频公司“浸入媒体”2007 年提供了最早的 35 个城市的视觉数据（Ma，2007）。此后谷歌自己的摄影车队开上了街道。

24 后来，一些其他的来源也发布了类似的信息，包括 2013 年谷歌开发商会议上的演讲“地面实况项目：通过演算法和费力的工作制成的精确地图”（Project Ground Truth：Accurate Maps via Algorithms and Elbow Grease）（https://www.youtoube.com/watch?v=FsbLEtS0uls#t=1182，2016 年 3 月 31 日访问）以及 2014 年《连线》杂志上的文章（Miller，2014）。

25 在“地面实况项目：通过演算法和费力的工作制成的精确地图”的演讲（见上一条注释）中，无线和卫星影像被认为形成了同样的关系。

26　苹果公司用自己的地图应用代替了谷歌地图。苹果自己的地图应用数据来自荷兰的卫星导航系统制造商 TomTom 公司和“开放街道地图”(Open Street Map)。但一开始数据方面的错误损害了其在全球的公众形象。后来苹果雇用了自己的摄影车多少改善了服务的质量。

27　优步对谷歌的依赖驱使优步在 2015 年收购了诺基亚的 HERE 地图服务(参见 Scott & Isaac, 2015)。收购失败后,优步和 TomTom 达成协议并获得了微软的 Bing 资产来开发自己的地图服务。

28　当然,不只拥有数据而且是对数据的处理能力才决定了谷歌在搜索和地图服务等领域的主导地位。许多将数据流整合进“地面实况”的过程都已经自动化,但这仍旧是劳动密集的工作(Madrigal, 2012b)。如莱维(Levy, 2011)所说,从搜索到机器翻译等领域,谷歌历来都重视提高大规模的数据资产和处理能力(分析、存储设施、检索和分析能力)。很少有国家政府在这方面能与谷歌相提并论。

29　谷歌用类似理由解释自己在网络搜索和广告方面的全球主导地位(Levy, 2011)。

30　谷歌地图已经进入了大约 200 个国家,其中 43 个在书写时用“地面实况”的方法。其他结合第三方数据(如政府调查)和用户生成的数据。在有些地方(尤其在印度),来自 MapMaker 的用户数据起了重要作用。

31　哈代(Hardy, 2012)认为,谷歌地图第三方用户收取使用费的门槛在 2012 年被降低,这使包括 Foursquare 在内的一些公司选择“开放街道地图”取而代之。

32　“开放街道地图”2004 年在英国诞生。其灵感来自维基百科的成功以及英国没有开放地图数据的现状。“开放街道地图”希望利用众筹数据生产免费且可编辑的世界地图。和谷歌地图类似,“开放街道地图”结合了各种数据来源,其中包括用户创造的内容,并提供了各种使用模式。

33　2013 年地面实况项目提出在 2008 年谷歌需要 6—18 个月才能更新一张地图。在谷歌正式发布对地图的修改前,需要经过第三方数据提供商的复核。将地图制作过程整合进公司内部的过程使谷歌可以根据实际情况的变化一天更新地图几百次。

34 虽然 Foursquare 仍有 5 000 万全球用户，但它与流行的社交媒体平台相比更多聚焦于细分市场。

35 “地方”应用最初发布于 2010 年 8 月 18 日。参见 https://www.facebook.com/notes/facebook/who-what-when-and-nowwhere/418175202130(2016 年 3 月 31 日访问)。大概一年后该应用停止运行。参见 http://gizmodo.com/5833712/facebook-just-killed-places(2016 年 3 月 31 日访问)。在 2014 年 6 月，“地方”被作为“本地搜索网站”重新发布，但直到本书发表时还没有推出相应的手机移动端应用。参见 http://search-engineland.com/facebook-launches-new-places-directory-208105(2016 年 3 月 31 日访问)。

36 这一决策影响了不少包括“灵感辅助”(Assisted Serendipity)在内的其他应用。虽然 Foursquare 的首席执行官赞扬过“灵感辅助”，但这一应用在新的环境中无法运行，并最终停止了研发(Thompson, 2012)。

3 参与式公共空间

1 参见 McQuire, 1994, 1995。如阿多诺和霍克海默(Adorno & Horkheimer)所说：“国家社会主义者明白无线网给他们事业的影响就好像印刷媒介当年对宗教改革运动的作用。”希特勒的演讲被传到了每一个角落，造就了他巨大的个人影响力(1973: 159)。

2 越来越多的“双向”建筑被用于结合内容传递模型与 Netflix 和 Spotify 那样“后渠道”式的数据流服务。

3 例如，詹金斯等(Jenkins et al., 2009: 4, 9)根据 2005 年皮尤基金会的调查发现(美国 57%的青年人生产过媒介内容)提出，已经发生了牵涉“教育、创意过程、社区生活和民主社会”等各个领域的范式转换。但“生产媒介内容”包括上传原创视频或者转发主流媒体内容等。

4 在《规划实践与研究》(*Planning Practice and Research*)杂志关于公众参与规划的专刊中，布朗希尔和帕克(Brownhill & Parker)写道：“对参

与的反思越来越多地意识到有意义的公共参与面临着各种挑战，过去的实践存在诸多局限。”(2010：275)

5　很多人知道列斐伏尔与情境主义国际之间的紧密关系以及他们 1963 年左右的分裂。在此处讨论中，我并无意探究到底是谁创造了某些观念，但我需要强调列斐伏尔(1991b)对马克思主义的重新反思以及他们对城市“玩乐”观念的重视：他将马克思主义视为每日生活的问题意识，他们的玩乐概念借鉴自超现实主义者的观念。如萨德勒(Sadler, 1998)所说，列斐伏尔和情境主义国际将巴黎公社视为公民自治的典型案例。

6　德波在其 1961 年的电影《分离批判》(*Critique de la séparation*)中提出，没有真的集体就没有真的个性：“除非环境被集体主导，个人就无法显现——取而代之，只有那些纠结他人随意呈现的事物而无法自拔的游魂。”

7　“dérive”被定义为“与城市社会条件相应的实验性行为模式”：一种快速通过各种场景氛围的技能(Knabb, 2006：52)。这个概念与情境主义所说的“心理地理学”(城市环境能有意识或者无意识地影响感情和行为)及“城市统一性”(避免按照现代功能主义路径将城市系统进行划分的城市研究方法)概念密切相关。作为实验性技能，“玩乐建构行为”与地理媒介环境中城市研究的各种悖论紧密纠缠：研究在好色的玩乐的主观语言上投入和数据和效果的行为主义语言倾向之间变动。

8　在 1960 年的文章《统一的都市主义》(Unitary Urbanism)中，康斯坦特提出，这个概念需要整合包括建筑、诗歌、社会关系和道德原则等多类现象。这样的整合目前并无法顺利进行，因为可用的概念还没出现。“这就是为什么目前我宁愿将统一的都市主义定义为非常复杂多变的常规性行为，有意识地对在日常生活场景中日常生活事件进行干预。”(1998：132)

9　正如修斯和萨德勒所说(Hughes & Sadler, 1999：176)，由建筑师雷纳·班纳姆(Reyner Banham)、保罗·巴克(Paul Barker)、彼得·霍尔(Peter Hall)和塞德里克·普里斯(Cedric Price)在 1969 年提出的“无

计划”原则的关键方面随后被为了创造“企业区”（例如 1980 年在撒切尔治下的伦敦码头区）的新右派运动采纳了。

10 墨尔本联邦广场的冬季阳光节支持了“太阳等式”的实验。该活动 2013 年在英国达勒姆大学科学馆，2015 年在德国乌尔姆大教堂分别进行过展示。

11 SOHO（太阳与日球观察站）是 ESA 和 NSA 的一项国际合作。SDO（太阳动力观察站）的信息参见 http://sdo.gsfc.nasa.gov。

12 在“非模态悬浮”（Amodal Suspension，山口，日本，2003）活动主要依靠手机和短消息。“脉博前沿”活动则用感应器网络将多伦多港 20 个探照灯的节奏和方向与行人的脉搏跳动关联起来。而在“铰接相交”活动中，公众可以通过操纵地上凸起的操作开关来改变不同的光柱。

13 如一个参与者说：“你们有多少人设计过这样规模的光学艺术？我能告诉你的是这是我最棒的经历之一。”引自 http://www.vectorialvancouver.net/docs/VecotrialAnalytics.pdf（2012 年 9 月 2 日访问）。

14 “骑手轮辐”是由诺丁汉大学混合现实实验室、索尼网络服务和弗劳恩霍夫研究所（Fraunhofer Institute）合作的项目。项目于 2007 年 10 月首次在伦敦的巴比肯展出。随后分别在雅典、布莱顿、布达佩斯、悉尼和阿德莱德等地展出。参见 http://www.blast-theory.co.uk/projects/rider-spoker（2016 年 3 月 31 日访问）。

15 “我们搭建了实验平台让人们能够创造并阅读基于地点的内容（文本、音频和图片）。这是一个分享和探索经验和知识，保留人们在城市地理空间中瞬间体验并允许他人点评注释的框架设施。”参见 http://research.urbantapestries.net（2016 年 3 月 31 日访问）。

16 可穿戴设备最初是 GPS 和皮肤电反应（Galvanic Skin Response，GSR）技术的组合。参见 http://www.biomapping.net（2016 年 3 月 31 日访问）。

17 参见 http://www.murrupbarak.unimelb.edu.au/content/pages/billibellarys-walk（2016 年 3 月 31 日访问）。

18 2007 年 8 月，纪念委员会专门举办活动纪念土著“自由战士”们，包括 1842 年在墨尔本被处决的图纳米纳怀特（Tunnerminnerwait）和毛尔博伊希纳(Maulboyheenner)等人。纪念委员会号召建造公共纪念碑来纪念这些人的故事以及他们对墨尔本历史的贡献。墨尔本市政府2009年投票通过了这个议案,并在2014年正式拨款在当年处决所在地建立永久性的纪念碑(Webb, 2014)。

19 奥斯本(Osborne, 1994)区分了三种关于时间的历史观:宇宙性时间观按“自然”的节奏定义时间;生活或现象学时间观突出了个人意识的重要性;最后是主体间性或社会性时间观。奥斯本将不同的时间观与历史发展的不同阶段关联起来。在“史前”社会,宇宙性时间观占了主要地位,连续性和循环过程最为关键。随着“历史社会”的出现,同质性的时间主导了人们的意识。奥斯本提出,随着同质性与差异之间的悖论越来越明显,我们逐渐达到了目前“过渡性”的阶段。奥斯本所说的“社会性时间”需要放弃统一的历史观念并创造出多样化的文化编码。

4 城市屏幕和城市媒介事件

1 包括:“大屏幕与公共空间转型”(ARC DP0772759 2007-2009),与尼科斯·帕帕斯特吉迪斯和肖恩·丘比特(Sean Cubitt)合作;“大屏幕与跨国公共空间”(ARC LP0989302 2009-2013),合作者包括尼科斯·帕帕斯特吉迪斯、奥德丽·尤(Audrey Yue)、罗斯·吉布森(Ross Gibson)、肖恩·丘比特以及澳大利亚联邦广场公司、澳大利亚艺术委员会和首尔Nabi艺术中心;“宽带网络公共屏幕:从展示到互动”,与尼科斯·帕帕斯特吉迪斯、弗兰克·韦特(Frank Vettere)和马丁·吉布斯(Martin Gibbs)合作。我还想感谢包括梅雷迪恩·马丁(Meredith Martin)、阿梅莉亚·巴里金(Amelia Barikin)、顾欣(Xin Gu)、约翰·唐斯(John Downs)和索尼娅·波德尔(Sonia Podell)等参与这些项目的同事。

2 正如莱尼·里芬斯塔尔(Leni Riefenstahl)在20世纪30年代通过她的电影《意志的胜利》(*Triumph of the Will*, 1935)证明,屏幕为个人与大众的连接提供了更为灵活的方式(McQuire, 1998: 75)。

3 布鲁斯·拉姆斯(2011)回忆说:“1996 年,我们想要开发新的视频系统。当时有一个红色的 LED 屏和一个淡绿的 LED 屏,就好像我们在微波炉上看到的开关一样。我们请蒙特利尔的 Saco 制造蓝色和全色域的绿色 LED 屏。然后我们将那个带到了比利时的创意设计公司(Innovative Designs),请他们生产出最早的 LED 视频屏幕。然后我们在 1996—1997 年将其带上了 PopMart。这个屏幕 70 米宽、25 米高,是当时最大的视频屏幕。”

4 最有名的例子是“第五十九分钟”创意时间(59th Minute Greative Time)项目。该项目在 2000—2005 年期间在曼哈顿的时代广场播放短视频艺术节目。在高峰时间之外,这些短视频在每个小时最后一分钟播放。

5 在申请 2012 年伦敦奥运会举办权时,伦敦奥组委将全国性的参与和关注作为申请的重要砝码,其中公共空间的大屏幕成了其战略的重要组成部分。BBC 公共空间广播项目的主要成员,包括比尔·莫里斯和麦克·吉本斯当时都参加了伦敦奥组委。吉本斯成了“直播现场”的领导,莫里斯担任“文化、庆典和教育”部门的主任。

6 虽然将屏幕安装标准化能够降低成本,但也忽视了屏幕所在地的特殊性。英国建筑和建筑环境委员会(CABE,2008)担心新的屏幕会影响城市整体环境。

7 BBC 刚开始他们的项目时,大屏幕被视为独立的设施进行运营。不同制造商生产的屏幕不仅尺寸不同,操作系统也各不相同。因此,安装成本就很难预测。另外,节目内容也需要根据每个屏幕当地不同的情况进行安排。

8 参见 https://s3-ap-southeast-2.amazonaws.com/assets-fedsquare/uploads/2014/12/Civic-and-Cultural-Chapter1.pdf(2016 年 4 月 3 日访问)。

9 与 LAB 建筑设计公司负责设计联邦广场的建筑师唐·贝茨(Don Bates)的个人通信。

10 指每年在几公里外举行的网球大满贯活动。

11 在澳大利亚计划或使用屏幕的城市包括丹德农、堪培拉、悉尼和珀斯。

联邦广场也为韩国松岛新城明日城市屏幕建设提供了参考。

12 失去诸多支持者很大程度上造成 BBC 不再支持公共空间广播项目，CASZ 的失败也遭遇了这种困难。

13 正如吉本斯(Gibbons, 2013)所言，这种关注为赞助者提供了一个有价值的机会。

14 我并不认为公共观看区总是包容的。关于 2010 年南非世界杯的研究(Kolamo & Vuolteenaho, 2013)发现，“球迷”专区会转变为被严格控制的商业飞地。

15 第五章还将进一步讨论这一点。

16 这一情形的背景较为复杂。这与澳大利亚联邦和州政府 20 世纪 10 年代到 70 年代的政策有关：土著孩子被强行与父母分离。虽然这样的政策表面目的是为了“保护”孩子，但将土著孩子与父母分离的关键在于减少澳洲土著人的重要性。这些政策的后果严重，危害绵延：造成了大量家庭不同代际骨肉分离以及虐待孩子的情况。皇家调查委员会 1997 年最后一次对该政策效果的调查报告被束之高阁。《带孩子们回家》报告建议政府正式向“被偷走的一代”的幸存者道歉。所有州立政府和许多机构(例如教堂)都正式执行了这一建议，并向土著孩子们道歉。但是 1996 年当选的保守党总理约翰·霍华德(John Howard)领导的联邦政府却拒绝正式道歉。当 2007 年霍华德政府下台后，正式道歉成了新政府当时最为重要的举动。

17 2008 年的正式道歉并不等同于法律上正式承担责任或者支付赔偿，意味着仍然是没有解决的问题。

18 莫里斯说：“我们几周前刚举行了虚拟的高尔夫球比赛。两支队伍一支在伯明翰，一支在曼彻斯特。比赛既无高尔夫球场也无球洞，所有都是虚拟游戏。我们认为我们刚刚触及变化的表面，还有许多类似的变化初露端倪。”(Gibbons & Morris, 2005)

19 2009—2015 年年间，澳大利亚研究委员会资助了“大屏幕与跨国公共领域”项目。虽然该项目的目标包括对合作实践与机构活力的评估，但我聚焦于其中三件“城市媒介事件”。

20 萨森(Sassen, 2011a)将松岛新城描绘为世界上最著名的“智慧城市”。其中的明日城市区域被设计为交通枢纽和未来城市演示区域。当我们的研究伙伴 Nabi 艺术中心在明日城市的公共广场上安排大屏幕时,我们决定利用研究项目为开幕活动提供内容。

21 技术困难主要在于根据不同屏幕尺寸进行实时的数据处理。数据处理上的问题有时会导致图像更新的延迟。

22 我们的调查数据显示,在韩国大约 1 800 名观众中,有超过四分之三的人用短消息参与了这次大屏幕事件。

23 代表性的评论包括:“我感到和墨尔本发生了关联”;“我觉得有差异但也有了连接的感觉”;“我感觉我们能够直接通过移动手机参与(艺术表演)的体验非常新奇”;“我以前关于媒介艺术的体验是一维的,但屏幕上的影像能够根据我的活动发生变化”;“能够看到我自己直接通过短消息参与艺术创作让我感到很棒”;“墨尔本人和我能够互相分享语言和价值观念”;“我觉得和他们很接近,完全不能感到地理距离的存在”;“很难说一下子就创造了连接的感觉,但是我认为韩国人通过屏幕和短消息多少和澳大利亚的艺术和媒介联系起来了”。

24 在墨尔本,希尔顿在 Footscray 社区艺术中心(多元文化社区中心)工作。而朴在首尔一家学校工作。

25 管理服务(managed service)保证了网络带宽;而 Skype 是所谓的“最大努力”服务(best effort service),更容易掉线。

26 设立帐篷的成本过高使我们的“Hello”项目只能是一次性的事件。不能重复举办事件令人失望,但帐篷也带来了额外的好处。公共空间的事件受到各种突然因素(包括天气)的影响。我们举办“Hello”活动时,墨尔本的连绵细雨让我们庆幸设立了帐篷,活动有了个半私密的而且是干燥的空间。

27 这么做成本高昂,但好在项目得到了 AARNet 机构的资助,他们为澳大利亚学术研究社区提供了网络服务。

28 可以比较某些城市对街面艺术和涂鸦艺术不同的管理规则:高质量的艺术作品一段时间内被保留在街道上。

5 重构公共空间

1 引自斯蒂格勒(Stiegler, 1998: 73)翻译的西蒙栋(Simondon)的著作(*Du modes d'existence des objets techniques*, 1958)。

2 德里达(Derrida)认为:“从帕尔米尼底斯(Parmenides)到胡塞尔(Husserl),当下的优先地位从未被人质疑。这一点一目了然,不容置疑。只有在这个前提下其他思想才有可能出现。不在场总被想象为在场(的一种特定形态)。过去和未来总会被视为过去的当下和未来的当下。”(1982: 34)

参 考 文 献

Adorno, T. W. and Horkheimer, M. (1973) *Dialectic of Enlightenment*, trans. J. Cumming, London: Allen Lane.

Ahmed, M. (2009) 'Village mob thwarts Google Street View car', *The Times*, 3 April.

Anderson, C. (2006) *The Long Tail: Why the Future of Business is Selling Less of More*, New York: Hyperion.

Anderson, C. (2008) 'The end of theory: The data deluge makes the scientific method obsolete', *Wired Magazine*, 23 June, at http:// archive . wired . com / science / discoveries / magazine / 16–07 / pb _ theory

Arendt, H. (1958) *The Human Condition*, Chicago: University of Chicago Press.

Aristotle (1984) 'Politics' in J. Barnes (ed.) *The Complete Works of Aristotle*, Vol. 2 (revised Oxford translation), Princeton: Princeton University Press.

Armitage, J. (2006) 'From discourse networks to cultural mathematics: an interview with Friedrich A. Kittler', *Theory, Culture & Society* 23 (7–8): 17–38.

Auslander, P. (1999) *Liveness: Performance in a Mediatized Culture*, London and New York: Routledge.

Barikin, A., Papastergiadis, N., Yue, A., McQuire, S., Gibson, R. and Xin, Gu (2014) 'Translating gesture in a transnational public sphere', *Journal of Intercultural Studies* 35 (4): 349–65.

Batty, M., Axhausen, K. W., Giannotti, F., Pozdnoukhov, A., Bazzani, A., Wachowicz, M., Ouzounis, G. and Portugali, Y. (2012) 'Smart cities of the future', *European Physical Journal Special Topics* 214: 481–518.

Bauman, Z. (2005) *Liquid Life*, Cambridge: Polity.

Bauwens, M. (2005) 'The political economy of peer production', at www.ctheory.net/articles.aspx?id=499

Beck, U., Giddens, A. and Lash, S. (1994) *Reflexive Modernization*, Cambridge: Polity and London: Blackwell.

Becker, K. and Widholm, A. (2014) 'Being there from afar: the media event relocated to the public viewing area', *Interactions: Studies in Communication & Culture* 5 (2): 153–68.

Beer, D. (2009) 'Power through the algorithm: participatory web cultures and the technological unconscious', *New Media & Society* 11 (6): 985–1002.

Benford, S. and Giannachi, G. (2011) *Performing Mixed Reality*, Cambridge MA: MIT Press.

Benjamin, W. (1999) *The Arcades Project*, trans. H. Eiland and K. McLaughlin, Cambridge MA: Belknap Press.

Benjamin, W. (2003) 'The work of art in the age of its technological reproducibility: second version' in *Selected Writings, Volume 4, 1938–1940*, ed. H. Eiland and M. W. Jennings, trans. E. Jephcott and others, Cambridge MA: Belknap Press.

Benkler, Y. (2006) *The Wealth of Networks: How Social Production Transforms Markets and Freedom*, New Haven: Yale University Press.

Berners-Lee, T. (1997) 'Realising the full potential of the Web', at http://www.w3.org/1998/02/Potential.html

Berry, D. (2011) *The Philosophy of Software: Code and Mediation in the Digital Age*, Basingstoke: Palgrave Macmillan.

Blackmar, E. (2006) 'Appropriating "the Commons": the tragedy of property rights discourse' in S. Low and N. Smith (eds.), *The Politics of Public Space*, New York: Routledge.

Borges, J. L. (1975) 'On exactitude in science' in *A Universal History of Infamy*, trans. Norman Thomas de Giovanni, London: Penguin.

Bourriaud, N. (2002) *Relational Aesthetics*, trans. S. Pleasance, F. Woods with M. Copeland, Dijon: Les presses du réel (first published in French in 1998).

Brennan, K. (2009) Interview with Scott McQuire and Meredith Martin, Melbourne, 10 March 2009, edited version published in 'Sustaining public space: an interview with Kate Brennan' in S. McQuire, M. Martin and S. Niederer (eds.), *Urban Screens Reader*, Amsterdam: Institute of Network Cultures.

Brignull, H. and Rogers, Y. (2003) 'Enticing people to interact with large public displays in public spaces' in *Proceedings of IFIP INTERACT03: Human-Computer Interaction 2003*, Zurich: Switzerland.

Brill, L. M. (2002) 'One Times Square', at http://www.signindustry.com/led/articles/2002–05–30-LB-TimeSquareOne.php3

Brook, P. (2011) 'Google's mapping tools spawn new breed of art projects', *Wired Magazine*, 15 August, at http://www.wired.com/2011/08/google-street-view

Brownhill, S. and Carpenter, J. (2007) 'Increasing participation in planning: emergent experiences of the reformed planning system in England', *Planning Practice & Research* 22 (4): 619–34.

Brownhill, S. and Parker, G. (2010) 'Why bother with good works? The relevance of public participation(s) in planning in a post-collaborative era', *Planning Practice and Research* 25 (3): 275–82.

Brownlee, J. (2012) 'This creepy app isn't just stalking women without their knowledge, it's a wake-up call about Facebook privacy', at http://www.cultofmac.com/157641/this-creepy-app-isnt-just-stalking-women-without-their-knowledge-its-a-wake-up-call-about-facebook-privacy/#xithj6GiVFhduXiZ.99

Butler, J. (2011) 'Bodies in alliance and the politics of the street', at http://www.eipcp.net/transversal/1011/butler/en

CABE (2008) 'CABE concern over giant public screens', 24 July 2008, at http://www.cabe.org.uk/news/giant-screens-2012; later archived at http://webarchive.nationalarchives.gov.uk/20110118095356/http://www.cabe.org.uk/news/giant-screens-2012

Callon, M. and Rabeharisoa, V. (2003) 'Research "in the wild" and the shaping of new social identities', *Technology in Society* 25 (2): 193–204.

Caro, R. (1974) *The Power Broker: Robert Moses and the Fall of New York*, New York: Knopf.

Castells, M. (2000) *End of Millennium*, 2nd edition, Malden MA: Blackwell.

Chun, W. (2006) *Control and Freedom: Power and Paranoia in the Age of Fibre Optics*, Cambridge MA: MIT Press.

Cnossen, B., Franssen, T. and de Wilde, M. (2015) *Digital Amsterdam: Digital Art and Public Space in Amsterdam*, Melbourne: Research Unit in Public Cultures, at https://public-cultures.unimelb.edu.au/sites/public-cultures.unimelb.edu.au/files/AmsterdamWebv2.pdf

Constant (1998) 'Unitary urbanism', reprinted in M. Wigley (ed.), *Constant's New Babylon: The Hyper-Architecture of Desire*, Rotterdam: Witte de With, Center for Contemporary Art.

Copeland, A. (2008) 'Participation and public space', *Public Space: The Journal of Law and Social Justice* 2: 1–28.

Coslovich, G. (2003) 'Federation Square captures the heart of a city', *The Age*, 11 October, at http://www.theage.com.au/articles/2003/10/10/1065676160184.html

Couldry, N. (2012) *Media, Society, World: Social Theory and Digital Media Practice*, Cambridge: Polity.

Crang, M. and Graham, S. (2007) 'Sentient cities', *Information, Communication and Society* 10 (6): 789–817.

Crary, J. (2013) *24/7: Late Capitalism and the Ends of Sleep*, London and New York: Verso.

David, S. (2014) 'The revolution . . . will be streamed', at http://recode.net/2014/01/16/the-revolution-will-be-streamed

Davis, M. (1990) *City of Quartz: Excavating the Future in Los Angeles*, London and New York: Verso.

Dayan, D. and Katz, E. (1992) *Media Events: The Live Broadcasting of History*, Cambridge MA: Harvard University Press.

Debord, G. (2006) 'Report on the construction of situations' in K. Knabb (ed. and trans.), *Situationist International Anthology* (revised and expanded edition), Berkeley CA: Bureau of Public Secrets.

Deleuze, G. (1992) 'Postscript on the societies of control', *October* 59 (Winter): 3–7.

Derrida, J. (1976) *Of Grammatology*, trans. G. Chakravorty Spivak, Baltimore: Johns Hopkins University Press.

Derrida, J. (1981) *Dissemination*, trans. B. Johnson, Chicago: University of Chicago Press.

Derrida, J. (1982) *Margins of Philosophy*, trans. A. Bass, Brighton: Harvester Press.

Dourish, P. and Mazmanian, M. (2011) 'Media as material: information representations as material foundations for organizational practice', Third International Symposium on Process Organization Studies, Corfu, Greece, at http://www.dourish.com/publications/2011/materiality-process.pdf

Drucker, J. (2011) 'Humanities approaches to interface theory', *Culture Machine* 12: 1–20, at http://www.culturemachine.net/index.php/cm/article/view/434/462

Dubai School of Government (2011) *Arab Social Media Report no. 2. Civil Movements: The Impact of Facebook and Twitter*, at http://journalistsresource.org/wp-content/uploads/2011/08/DSG_Arab_Social_Media_Report_No_2.pdf

Dyson, E., Gilder, G., Keyworth, J. and Toffler, A. (1994) 'A Magna Carta for the knowledge age', *New Perspectives Quarterly* 11 (Fall): 26–37.

Eckardt, F. (ed.) (2007) *Media and Urban Space: Understanding, Investigating and Approaching Mediacity*, Berlin: Frank & Timme.

Eckardt, F., Geelhaar, J. and Colini, L. (eds.) (2008) *Mediacity: Situations, Practices and Encounters*, Berlin: Frank & Timme.

Eco, U. (1984) 'A guide to the neo-television of the '80s', trans. B. Lumley, *Framework* 25: 19–27.

Eco, U. (1989) *The Open Work*, trans. A. Cancogni, Cambridge MA: Harvard University Press.

Ellul, J. (1964) *The Technological Society*, New York: Vintage.

Ernst, W. (2004) 'The archive as metaphor', *Open* 7, at http://www.onlineopen.org/the-archive-as-metaphor

Facebook (2013) *A Focus on Efficiency*, at http://internet.org/efficiency-paper

Fanck, K. and Stevens, Q. (eds.) (2007) *Loose Space: Possibility and Diversity in Urban Life*, London and New York: Routledge.

Farman, J. (2012) *Mobile Interface Theory: Embodied Space and Locative Media*, London and New York: Routledge.

Farman, J. (ed.) (2013) *The Mobile Story: Narrative Practices with Locative Technologies*, New York: Taylor and Francis.

Fatah gen Schieck, A., Al-Sayed, K., Kostopoulou, E., Behrens, M. and Motta, W. (2013) 'Networked architectural interfaces: exploring the effect of spatial configuration on urban screen placement', *Proceedings of the Ninth International Space Syntax Symposium*, at http://www.sss9.or.kr/paperpdf/adp/sss9_2013_ref004_p.pdf

Fatah gen Schieck, A., Kostakos, V. and Penn, A. (2010) 'Exploring the digital encounters in the public arena' in K. S. Willis, G. Roussos and K. Chorianopoulos (eds.), *Shared Encounters*, London: Springer-Verlag.

Felling, J. (2004) 'Terrorists' visual warfare uses the media as weapon', *Christian Science Monitor*, 4 August, at http://www.csmonitor.com/2004/0804/p09s02-coop.html

Finn, D. (2014) 'DIY urbanism: implications for cities', *Journal of Urbanism: International Research on Placemaking and Urban Sustainability* 7 (4): 381–98.

Foth, M. (ed.) (2009) *Handbook of Research on Urban Informatics: The Practice and Promise of the Real-time City*, Hershey PA: Information Science Reference.

Foth, M., Forlano, L., Satchell, C. and Gibbs, M. (eds.) (2011) *From Social Butterfly to Engaged Citizen: Urban Informatics, Social Media, Ubiquitous Computing, and Mobile Technology to Support Citizen Engagement*, Cambridge MA: MIT Press.

Foth, M., Rittenbruch, M., Robinson, R. and Viller, S. (eds.) (2014) *Street Computing: Urban Informatics and City Interfaces*, Abingdon: Routledge.

Franklin, A. (2010) *City Life*, London: Sage.

Frith, J. (2012) 'Splintered space: hybrid spaces and differential mobility', *Mobilities* 7 (1): 131–49.

Frohne, U. (2008) 'Dissolution of the frame: immersion and participation in video installations' in T. Leighton (ed.), *Art and the Moving Image*, London: Tate.

Galloway, A. (2004) *Protocol: How Control Exists After Decentralization*, Cambridge MA: MIT Press.

Georgiou, M. (2013) *Media and the City: Cosmopolitanism and Difference*, Cambridge: Polity.

Gibbons, M. (2008) Interview with Mike Gibbons (Head of Live Sites and UK

Coordination for LOCOG, and previously Project Director, BBC Live

Events) conducted by Scott McQuire, Melbourne, 4 October, partial transcription in 'Public space broadcasting: an interview with Mike

Gibbons' in S. McQuire, M. Martin and S. Niederer (eds.), *Urban Screens Reader*, Amsterdam: Institute of Network Cultures.

Gibbons, M. (2013) Interview with Scott McQuire, Melbourne, 2 December.

Gibbons, M. and Morris, B. (2005) Interview with Mike Gibbons (Chief Project Director, BBC Live Events) and Bill Morris (Director, BBC Live Events) conducted by Nikos Papastergiadis in London, 14 November.

Gibson, W. (1995) *Neuromancer*, London: Harper Collins.

Giedion, S. (1967) *Space, Time and Architecture: The Growth of a New Tradition*, Cambridge MA: Harvard University Press.

Gillespie, T. (2007) *Wired Shut: Copyright and the Shape of Digital Culture*, Cambridge MA: MIT Press.

Gitlin, T. (2003) *The Whole World is Watching: Mass Media in the Making and Unmaking of the New Left*, Berkeley: University of California Press.

Goffmann, E. (1971) *Relations in Public: Microstudies of the Public Order*, New York: Basic Books.

Goldman, E. (2010) 'Search engine bias and the demise of search engine utopianism' in B. Szoka and A. Marcus (eds.), *The Next Digital Decade: Essays on the Future of the Internet*, Washington DC: TechFreedom.

Gordon, E. and de Souza e Silva, A. (2011) *Net Locality: Why Location Matters in a Networked World*, Chichester UK and Malden MA: Wiley-Blackwell.

Graham, S. (2009) 'The "urban battlespace"', *Theory, Culture & Society* 26 (7–8): 278–88.

Graham, S. (2010) *Cities Under Siege: The New Military Urbanism*, London and New York: Verso.

Gray, G. (2000) 'Streetscapes/George Stonbely: a Times Square sign-maker who loves spectacle', *New York Times*, 30 January.

Greenfield, A. (2006) *Everyware: The Dawning Age of Ubiquitous Computing*, Berkeley CA: New Riders.

Greenfield, A. (2013) *Against the Smart City*, New York: Do projects.

Habermas, J. (1989) *The Structural Transformation of the Public Sphere: An Inquiry into a Category of Bourgeois Society*, trans. T. Burger with the assistance of F. Lawrence, Cambridge MA: MIT Press.

Habuchi, I. (2005) 'Accelerating reflexivity' in M. Ito, D. Okabe and M. Matsuda M. (eds.), *Personal, Portable, Pedestrian: Mobile Phones in Japanese Life*, Cambridge MA: MIT Press.

Hacking, I. (1990) *The Taming of Chance*, Cambridge: Cambridge University Press.

Hardt, M. and Negri, A. (2004) *Multitude: War and Democracy in the Age of Empire*, New York: Penguin.

Hardt, M. and Negri, A. (2009) *Commonwealth*, Cambridge MA: Belknap Press.

Hardy, Q. (2012) 'Facing fees, some sites are bypassing Google Maps', *New York Times*, 19 March, at http://www.nytimes.com/2012/03/20/technology/many-sites-chart-a-new-course-as-google-expands-fees.html?_r=0

Harvey, D. (2008) 'The Right to the City', *New Left Review* 53: 23–40.

Harvey, D. (2012) *Rebel Cities: From the Right to the City to the Urban Revolution*, London and New York: Verso.

Hausler, H. (2009) *Media Facades: History, Technology, Content*, Ludwigsburg: Avedition.

Heidegger, M. (1971) 'The thing' in *Poetry, Language, Thought*, trans. A. Hofstadter, New York: Harper and Row.

Heidegger, M. (1977) *The Question Concerning Technology and Other* Essays, trans. W. Lovitt, New York: Harper and Row.

Helft, M. (2007) 'Google zooms in too close for some', *New York Times*, 1 June.

Hellerstein, J. (2008) 'The commoditization of massive data analysis', at http://radar.oreilly.com/2008/11/the-commoditization-of-massive.html

Hirschkind, C. (2011) 'From the blogosphere to the street: the role of social media in the Egyptian uprising', Jadaliyya.com, 9 February, at www.tacticalmediafiles.net/article.jsp?objectnumber=50916

Holmes, B. (2007) 'The revenge of the concept: artistic exchanges, networked resistance' in W. Bradley and C. Esche (eds.), *Art and Social Change*, London: Tate Gallery/Afterall.

Holmes, B. (2012) Post to discussion of screen technology on the *Empyre* list, 6 July, archived at https://www.mail-archive.com/empyre@lists.cofa.unsw.edu.au/msg04397.html

Hou, J. (ed.) (2010) *Insurgent Public Space: Guerrilla Urbanism and the Remaking of Contemporary Cities*, Abingdon: Routledge.

Hughes, J. and Sadler, S. (eds.) (1999) *Non-plan: Essays on Freedom and Change in Modern Architecture*, Oxford: Architectural.

Hutchinson, T. (1946) *Here is Television: Your Window to the World*, New York: Hastings House.

Ihde, D. (1979) *Technics and Praxis*, Boston Studies in the Philosophy of Science, Vol. 24, Dordrecht: Reidel.

Jacobs, J. (1961) *The Death and Life of Great American Cities*, New York: Random House.

Jameson, F. (1984) 'Postmodernism, or, the cultural logic of late capitalism', *New Left Review* 146 (July–August): 59–92.

Jassem, H., Drucker, S. and Burd, G. (eds.) (2010) *Urban Communication Reader: Volume 2*, New York: Hampton Press.

Jenkins, H. (2006) *Convergence Culture: Where Old and New Media Collide*, New York: New York University Press.

Jenkins, H., Purushotma, R., Weigel, M., Clinton, C. and Robison, A. (2009) *Confronting the Challenges of Participatory Culture: Media Education for the 21st Century*, Cambridge MA: MIT Press.

Joseph, S. (2012) 'Social media, political change and human rights', *Boston College International and Comparative Law Review* 35 (1), at http://lawdigitalcommons.bc.edu/iclr/vol35/iss1/3

Kang, J. (1998) 'Information privacy in cyberspace transactions', *Stanford Law Review* 50: 1193–294.

Kasinitz, P. (ed.) (1994) *Metropolis: Center and Symbol of our Times*, London: Macmillan.

Keith, M., Lash, S., Arnoldi, J. and Rooker, T. (2014) *China Constructing Capitalism: Economic Life and Urban Change*, London and New York: Routledge.

Kester, G. (2004) *Conversation Pieces: Community and Communication in Modern Art*, Berkeley: University of California Press.

Khondker, H. H. (2011) 'Role of the new media in the Arab Spring', *Globalizations* 8 (5): 675–9.

Kitchin, R. (2014) 'The real-time city? Big data and smart urbanism', *GeoJournal* 79: 1–14.

Kittler, F. (2009) 'Towards an ontology of media', *Theory, Culture & Society* 26 (2–3): 23–31.

Kleinman S. (ed.) (2007) *Displacing Place: Mobile Communication in the 21st Century*, New York: Peter Lang.

Kluge, A. and Negt, O. (1988) 'The public sphere and experience', trans. P. Labanyi, *October* 46 (Fall): 60–82.

Kluitenberg, E. (2006) *Hybrid Space: How Wireless Media Mobilize Public Space*, Rotterdam: NAi Publishers.

Kluitenberg, E. (2011) *Legacies of Tactical Media: The Tactics of Occupation from Tompkins Square to Tahrir*, Amsterdam: Institute of Network Cultures.

Knabb, K. (ed.) (2006) *Situationist International Anthology* (revised and expanded edition), Berkeley CA: Bureau of Public Secrets.

Kolamo, S. and Vuolteenaho, J. (2013) 'The interplay of mediascapes and cityscapes in a sports mega-event: the power dynamics of place branding in the 2010 FIFA World Cup in South Africa', *International Communication Gazette* 75 (5–6): 502–20.

Koolhaas, R. (2004) *AMOMA*, Köln: Taschen.

Koolhaas, R. (2014) 'My thoughts on the smart city', Talk given at the High Level Group meeting on Smart Cities, Brussels, 24 September 2014, transcript at https://ec.europa.eu/commission_2010–2014/kroes/en/content/my-thoughts-smart-city-rem-koolhaas

Kracauer, S. (1995) *The Mass Ornament*, ed. and trans. T. Y. Levin, Cambridge MA: Harvard University Press.

Lash, S. (2007) 'Power after hegemony: cultural studies in mutation', *Theory, Culture & Society* 24 (3): 55–78.

Lash, S. (2010) *Intensive Culture: Social Theory, Religion and Contemporary Capitalism*, London: Sage.

Latour, B. (2005) 'From realpolitik to dingpolitik or how to make things public' in B. Latour and P. Weibel (eds.), *Making Things Public: Atmospheres of Democracy*, Cambridge MA and Karlsruhe: MIT Press and ZKM Centre for Art and Media, pp. 14–41.

Le Corbusier (1946) *Towards a New Architecture*, trans. F. Etchells, London: Architectural Press (first published 1923).

Le Corbusier (1971) *The City of Tomorrow*, trans. F. Etchells, London: Architectural Press (first published as *Urbanisme* 1924).

Lefebvre, H. (1991a) *The Production of Space*, trans. D. Nicholson-Smith, Oxford: Blackwell.

Lefebvre, H. (1991b) *Critique of Everyday Life*, trans. J Moore, London and New York: Verso (first published as *Critique de la vie quotidienne* 1946).

Lefebvre, H. (1996) 'The right to the city' in *Writings on Cities*, ed. E. Kofman and E. Lebas, Oxford: Blackwell (first published as *Le Droit à la ville* 1968).

Lessig, L. (2004) *Free Culture: How Big Media Uses Technology and the Law to Lock Down Culture and Control Creativity*, New York: Penguin.

Lessig, L. (2006) *Code: Version 2.0*, New York: Basic Books.

Levy, S. (2011) *In the Plex: How Google Thinks, Works, and Shapes Our Lives*, New York: Simon and Schuster.

Liebes, T. and Curran, J. (eds.) (1998) *Media, Ritual and Identity*, London and New York: Routledge.

Lim, W. (2012) *Incomplete Urbanism: A Critical Urban Strategy for Emerging Economies*, Singapore and Hackensack NJ: World Scientific Publishing.

Lippard, L. (ed) (1973) *Six Years: The Dematerialization of the Art Object from 1966 to 1972*, London: Studio Vista.

Lovink, G. (2008) *Zero Comments: Blogging and Critical Internet Culture*, London and New York: Routledge.

Low, S. and Smith, N. (eds.) (2006) *The Politics of Public Space*, New York: Routledge.

Lozano-Hemmer, R. (2000) Interview with Geert Lovink, in R. Lozano-Hemmer, *Vectorial Elevation*, Mexico City: CONACULTA: Impresiones y Ediciones San Jorge, S.A. de C.V.

Lozano-Hemmer, R. (2005) Interview with José Luis Barrios, in the *Subsculptures* catalogue by Gallery Guy Bärtschi, Switzerland (English translation by Rebecca MacSween).

Lozano-Hemmer, R. (2009) Interview with the author, part published in McQuire 2009b.

Lozano-Hemmer, R. (2010) Interview with the author, Melbourne, 30 May, part published in McQuire 2010.

Lynch, K. (1960) *The Image of the City*, Cambridge MA: MIT Press.

Lyon, D. (2003) *Surveillance After September 11*, Malden MA: Polity Press in association with Blackwell.

Lyotard, J-F. (1984) *The Postmodern Condition: A Report on Knowledge*, trans. G. Bennington and B. Massumi, Manchester: Manchester University Press.

Ma, W. (2007) 'Riding shotgun with Google Street View's revolutionary camera', *Popular Mechanics*, 19 November, at www.popularmechanics.com/technology/gadgets/news/4232286?page=1

McCarthy, C. (2010) 'The dark side of geo: PleaseRobMe.com', *CNET.com*, 17 February, at http://www.cnet.com/uk/news/the-dark-side-of-geo-pleaserobme-com

McCullough, M. (2004) *Digital Ground*, Cambridge MA: MIT Press.

McCullough, M. (2013) *Ambient Commons*, Cambridge MA: MIT Press.

McLuhan, M. (1970) *Counter Blast*, London: Rapp and Whiting.

McQuire, S. (1994/5) '"The go-for-broke game of history": the camera, the community and the scene of politics', *Arena Journal* 4: 201–27.

McQuire, S. (1998) *Visions of Modernity: Representation, Memory, Time and Space in the Age of the Camera*, London: Sage.

McQuire, S. (2008) *The Media City: Media, Architecture and Urban Space*, London: Sage/Theory, Culture & Society.

McQuire, S. (2009a) 'Mobility, cosmopolitanism and public space in the media city' in S. McQuire, M. Martin and S. Niederer (eds.), *Urban Screens Reader*, Amsterdam: Institute of Network Cultures.

McQuire, S. (2009b) 'Making images with audiences', *Realtime* 89, at http://www.realtimearts.net/article/issue89/9337

McQuire, S. (2010) 'Sun work: mathematics as media', *Realtime* 97, at http://www.realtimearts.net/article/issue97/9863

McQuire, S. (2011a) 'The art of interactive lighting', *Realtime* 104, at http://www.realtimearts.net/article/issue104/10388

McQuire, S. (2011b) 'Virilio's media as philosophy' in J. Armitage (ed.), *Virilio Now: Current Perspectives in Virilio Studies*, Cambridge: Polity.

McQuire, S. (2014) 'Let there be light: behind the trend of illuminating cities for art', *The Conversation*, 23 May, at https://theconversation.com/let-there-be-light-behind-the-trend-of-illuminating-cities-for-art-26449

McQuire, S. and Radywyl, N. (2010) 'From object to platform: digital technology and temporality', *Time and Society* 19 (1): 1–23.

Madrigal, A. (2012a) 'How Google builds its maps—and what it means for the future of everything', *The Atlantic*, 6 September, at http://www.theatlantic.com/technology/archive/2012/09/how-google-builds-its-maps-and-what-it-means-for-the-future-of-everything/261913

Madrigal, A. (2012b) 'Why Google Maps is better than Apple Maps', *The Atlantic*, 13 December, at www.theatlantic.com/technology/archive/2012/12/why-google-maps-is-better-than-apple-maps/266218

Manovich, L. (2000) *The Language of New Media*, Cambridge MA: MIT Press.

Manovich, L. (2006) 'The poetics of augmented space', *Visual Communication* 5 (2): 219–40.

Marcuse, H. (1998) 'Some social implications of modern technology' in D. Kellner (ed.), *Technology, War and Fascism: Collected Papers of Herbert Marcuse*, Vol. 1, London: Routledge.

Martindale, D. and Neuwirth, G. (1958) 'Preparatory remarks: the theory of the city'

in M. Weber, *The City*, ed. and trans. D. Martindale and G. Neuwirth, Glencoe: Free Press.

Massey, D. (1994) 'A global sense of place' in *Space, Place and Gender*, Cambridge: Polity.

Matsaganis, M., Gallagher, V. and Drucker, S. (eds.) (2013) *Communicative Cities in the 21st Century: The Urban Communication Reader III*, New York: Peter Lang.

Mattern, S. (2013) 'Methodolatry and the art of measure: the new wave of urban data science', *Places Journal* (November), at https://places-journal.org/article/methodolatry-and-the-art-of-measure

Matusitz, J. (2013) *Terrorism and Communication: A Critical Introduction*, Thousand Oaks: Sage.

Memarovic, N., Langheinrich, M., Alt, F., Elhart, I., Hosio, S. and Rubegni, E. (2012) 'Using public displays to stimulate passive engagement, active engagement, and discovery in public spaces' in MAB '12: Proceedings of the 4th Media Architecture Biennale Conference: Participation, at http://www.mediateam.oulu.fi/publications/pdf/1460.pdf

Miller, G. (2014) 'The huge unseen operation behind Google maps', *Wired Magazine*, 12 August, at http://www.wired.com/2014/12/google-maps-ground-truth

Mitchell, D. (2003) *The Right to the City: Social Justice and the Fight for Public Space*, New York: Guilford Press.

Mitchell, W. (1995) *City of Bits: Space, Place, and the Infobahn*, Cambridge MA: MIT Press.

Mitchell, W. (2005) *Placing Words: Symbols, Space, and the City*, Cambridge MA: MIT Press.

Moores, S. (2003) 'The doubling of place: electronic media, time-space arrangements and social relationships' in N. Couldry and A. McCarthy (eds.), *Media Space: Place, Scale, and Culture in a Media Age*, London and New York: Routledge.

Morley, D. (2009) 'For a materialist, non-media-centric media studies', *Television & New Media* 10 (1): 114–16.

Morozov, E. (2013) *To Save Everything, Click Here: The Folly of Technological Solutionism*, New York: Public Affairs.

Morris, M. (1988) 'Things to do with shopping centres', Issue 1 of *Working Paper*, University of Wisconsin, Milwaukee Center for Twentieth Century Studies.

Moses, A. (2008) 'Smile Australia, you're on Google's candid camera', *The Age*, 5 August, at http://www.theage.com.au/news/biztech/global-backlash-as-google-launches-street-view/2008/08/05/1217701932020.html

Moses, A. (2010) '"Petulant" Conroy accuses Google of "single greatest privacy breach"', *Sydney Morning Herald*, 25 May, at www.smh.com.au/technology/technology-news/petulant-conroy-accuses-google-of-single-greatest-privacy-breach-20100525-w937.html

Mouffe, C. (2007) 'Art and democracy: art as an agonistic intervention in public space', at www.onlineopen.org/download.php?id=226

Nancy, J-L. (1991) *The Inoperative Community*, trans. P. O'Connor, L. Garbus, M. Holland and S. Sawhney, Minneapolis: University of Minnesota Press.

Nissenbaum, H. (2011) 'Contextual approach to privacy online', *Daedelus* 140 (94): 32–48.

Nissenbaum, H. and Varnelis, K. (2012) *Modulated Cities: Networked Spaces, Reconstituted Subjects* (Situated Technologies Pamphlets 9), New York: Architectural League of New York, at http://www.archleague.org/PDFs/ST9_webSP.pdf

Nold, C. (ed.) (2009) *Emotional Cartographies: Technologies of the Self*, at http://emotionalcartography.net/EmotionalCartography.pdf

O'Connor, J. (2006) *Creative Cities: The Role of Creative Industries in Regeneration*, Renew Intelligence Reports, North West Development Agency, Warrington, at http://eprints.qut.edu.au/43879

O'Reilly, T. (2005) 'What is Web 2.0? Design patterns and business models for the next generation of software', at www.oreilly.com/pub/a/web2/archive/what-is-web-20.html

Ortiz, A. and El Zein, R. (eds.) (2011) *Signs of the Times: The Popular Literature of Tahrir*, at https://issuu.com/arteeast/docs/shahadat_january25_final/13?e=2775683/3006

Osborne, P. (1994) 'The politics of time', *Radical Philosophy* 68: 3–9.

Papastergiadis, N. (1999) *The Turbulence of Migration*, Cambridge: Polity.

Papastergiadis, N. (2012) *Cosmopolitanism and Culture*, Cambridge: Polity.

Papastergiadis, N. and Rogers, H. (1996) 'The parafunctional' in J. Stathatos (ed.), *The Dream of Urbanity*, London: Academy Group.

Park, R. (1967) 'The city as social laboratory' in *On Social Control and Collective Behavior: Selected Papers*, ed. R. Turner, Chicago: University of Chicago Press (essay first published 1929).

Penny, S. (2011) 'Towards a performative aesthetic of interactivity', *Fibreculture* 19, at http://nineteen.fibreculturejournal.org/fcj-132-towards-a-performative-aesthetics-of-interactivity

Poulsen, K. (2007) 'Want off Street View? Google wants your ID and a sworn statement', *Wired Magazine*, 15 June, at http://www.wired.com/2007/06/want_off_street

Pratt, A. (2008) 'Creative cities: the cultural industries and the creative class', *Geografiska annaler: Series B – Human geography* 90 (2): 107–17.

Ramus, B. (2011) Interview with the author, Melbourne, 10 June, part published in McQuire 2011a.

Ronnel, A. (1994) 'Trauma TV: twelve steps beyond the pleasure principle' in *Finitude's Score: Essays for the End of the Millennium*, Lincoln: University of Nebraska Press.

Rushe, D. (2012) 'Google's Mr Maps sets his sights on world delineation', *Guardian*, 7 December, at http://www.theguardian.com/technology/2012/dec/07/google-maps-street-view-world/print

Sadler, S. (1998) *The Situationist City*, Cambridge MA: MIT Press.

Sassen, S. (1991) *The Global City: New York, London, Tokyo*, Princeton: Princeton University Press.

Sassen, S. (2006) *Territory, Authority, Rights: From Medieval to Global Assemblages*, Princeton: Princeton University Press.

Sassen, S. (2011a) 'Talking back to your intelligent city', at http://voices.mckinseyonsociety.com/talking-back-to-your-intelligent-city

Sassen, S. (2011b) 'Open source urbanism', *New City Reader* 15, at http://www.domusweb.it/en/op-ed/2011/06/29/open-source-urbanism.html

Sassen, S. (2011c) 'The global street: making the political', *Globalizations* 8 (5): 573–9.

Savage, M. and Burrows, R. (2007) 'The coming crisis of empirical sociology', *Sociology* 41 (5): 885–99.

Savage, M. and Burrows, R. (2009) 'Some further reflections on the coming crisis of empirical sociology', *Sociology* 43 (4): 762–72.

Schaffers, H., Komninos, N., Pallot, M., Trousse, B., Nilsson, M. and Oliveira, A. (2011) 'Smart cities and the future internet: towards cooperation frameworks for open innovation' in J. Domingue, et al. (eds.), *Future Internet Assembly*, Berlin and Heidelberg: Springer.

Schepke, J. (2010) 'Google Place Search: location information just became more critical', at http://searchenginewatch.com/sew/news/2066103/google-place-search-location-information-just-became-more-critical

Schoch, O. (2006) 'My building is my display: omnipresent graphical output as hybrid communicators', Swiss Federal institute of Technology, Faculty of Architecture, archived at http://e-collection.library.ethz.ch/eserv/eth:30097/eth-30097–01.pdf

Schuijren, J. (2008) Interview with Scott McQuire, Melbourne, 5 October, edited version published as 'Putting art into urban space: an interview with Jan Schuijren' in S. McQuire, M. Martin and S. Niederer (eds.), *Urban Screens Reader*, Amsterdam: Institute of Network Cultures.

Scott, M. and Isaac, M. (2015) 'Uber joins the bidding for Here, Nokia's digital mapping service', *New York Times*, 7 May, at http://www.nytimes.com/2015/05/08/business/uber-joins-the-bidding-for-here-nokias-digital-mapping-service.html?_r=0

Seigal, J. (2002) *Mobile: The Art of Portable Architecture*, New York: Princeton Architectural Press.

Sennett, R. (1978) *The Fall of Public Man: On the Social Psychology of Capitalism*, New York: Vintage Books.

Sennett, R. (2012) *Together: The Rituals, Pleasures and Politics of Cooperation*, New Haven: Yale University Press.

Shephard, M. (ed.) (2011) *Sentient City: Ubiquitous Computing, Architecture, and the Future of Urban Space*, Cambridge MA: MIT Press.

Simmel, G. (1971) 'The stranger' in *On Individuality and Social Forms: Selected Writings*, ed. D. Levine, Chicago: University of Chicago Press (originally published in German in 1908).

Sorrel, S. (2014) *Mobile Context and Location Services: Navigation, Tracking, Social and Local Search 2014–2019*, Juniper Research.

Souza e Silva, A. de (2006) 'From cyber to hybrid: mobile technologies as interfaces of hybrid spaces', *Space & Culture* 9 (3): 261–78.

Stenovec, T. (2014) 'The future of TV may look a lot like the present', *Huffington Post*, 29 April, at http://www.huffingtonpost.com/2014/04/29/future-of-tv_n_5215120.html

Stevens, Q. (2007) *The Ludic City: Exploring the Potential of Public Spaces*, London: Routledge.

Stiegler, B. (1998) *Technics and Time 1: The Fault of Epimetheus*, trans. R. Beardsworth and G. Collins, Stanford: Stanford University Press.

Stiegler, B. (2001) 'Derrida and technology: fidelity at the limits of deconstruction and the prosthesis of faith' in T. Cohen (ed.), *Jacques Derrida and the Humanities: A Critical Reader*, Cambridge: Cambridge University Press.

Stiegler, B. (2010) 'Telecracy against democracy', *Cultural Politics* 6 (2): 171–80.

Stiegler, B. (2011) *The Decadence of Industrial Democracies. Volume 1: Disbelief and Discredit*, trans. D. Ross and S. Arnold, Cambridge: Polity.

Soja, E. (2000) *Postmetropolis*, Oxford: Blackwell.

Sorkin, M. (ed.) (1992) *Variations on a Theme Park: The New American City and the End of Public Space*, New York: Hill and Wang.

Thatcher, J. (2014) 'Living on fumes: digital footprints, data fumes, and the limitations of spatial big data', *International Journal of Communication* 8: 1765–83.

Thompson, C. (2012) 'Foursquare alters API to eliminate apps like Girls Around Me', 10 May, archived at https://web.archive.org/web/20130502072720/http://aboutfoursquare.com/foursquare-api-change-girls-around-me

Thrift, N. (2004) 'Remembering the technological unconscious by foregrounding knowledges of position', *Environment and Planning D: Society and Space* 22 (1): 175–90.

Thrift, N. (2009) 'Different atmospheres: of Sloterdijk, China, and site', *Environment and Planning D: Society and Space* 27 (1): 119–38.

Townsend, A. (2006) 'Locative-media artists in the contested-aware city', *Leonardo* 39 (4): 345–7.

Townsend, A. (2013) *Smart Cities: Big Data, Civic Hackers, and the Quest for a New Utopia*, New York: W. W. Norton.

United Nations (2014) *2014 Revision of World Urbanization Prospects*, at http://esa.un.org/unpd/wup/Publications/Files/WUP2014-Report.pdf

Vazquez, R. (2002) 'LED as an alternative?' *Sign Industry.com*, at http://www.signindustry.com/led/articles/2002–07–13-RV-LEDalternative.php3

Vertov, D. (1984) *Kino-Eye: The Writings of Dziga Vertov*, trans. K. O'Brien, ed. A. Michelson, Berkeley: University of California Press.

Virilio, P. (1986a) 'The over-exposed city', trans. A. Hustvedt, *Zone* 1/2: 14–31.

Virilio, P. (1986b) *Speed and Politics: An Essay on Dromology*, trans. M. Polizzotti, New York: Semiotext(e).

Virilio, P. (1989) *War and Cinema: The Logistics of Perception*, trans. P. Camiller, London and New York: Verso.

Virilio, P. (1994) *The Vision Machine*, trans. J. Rose, Bloomington and London: Indiana University Press.

Virilio, P. (1997) *Open Sky*, trans. J. Rose, London and New York: Verso.

Virilio, P. (1998) 'Architecture in the age of its virtual disappearance. An interview with Paul Virilio by Andreas Ruby, 15 October 1993' in J. Beckmann (ed.), *The Virtual Dimension: Architecture, Representation, and Crash Culture*, New York: Princeton Architectural Press.

Virilio, P. (2000) *A Landscape of Events*, trans. J. Rose, Cambridge MA: MIT Press.

Ward, C. (1999) 'Anarchy and architecture: a personal record' in J. Hughes and S. Sadler (eds.), *Non-plan: Essays on Freedom and Change in Modern Architecture*, Oxford: Architectural.

Wark, M. (1994) *Virtual Geography: Living with Global Media Events*, Bloomington: Indiana University Press.

Watson, S. (2006) *City Publics: The (Dis)enchantments of Urban Encounters*, London and New York: Routledge.

Webb, C. (2014) 'City of Melbourne plans memorial to indigenous men executed in 1842', *The Age*, at http://www.theage.com.au/victoria/city-of-melbourne-plans-memorial-to-indigenous-men-executed-in-1842–20140424-zqz08.html

Weber, M. (1958) *The City*, ed. and trans. D. Martindale and G. Neuwirth, Glencoe: Free Press (first published 1921).

Weber, M. (1968) 'The city', ch. XVI in *Economy and Society: An Outline of Interpretive Sociology*, Vol. 2, ed. Guenether Roth and Claus Wittich, Berkeley: University of California Press.

Weiser, M. (1991) 'The computer in the 21st century', *Scientific American*, Special Issue on Communications, Computers and Networks (September), at http://web.media.mit.edu/~anjchang/ti01/weiser-sciam91-ubicomp.pdf

Whyte, W. (1980) *The Social Life of Small Urban Spaces*, Washington: Conservation Foundation.

Wilken, R. (2012) 'Locative media: from specialized preoccupation to mainstream fascination', *Convergence: The International Journal of Research into New Media Technologies* 18 (3): 243–7.

Wilken, R. (2014) 'Mobile media, place, and location' in G. Goggin and L. Hjorth (eds.), *The Mobile Media Companion*, New York: Routledge.

Williams, R. (1974) *Television, Technology and Cultural Form*, London: Fontana.

Winner, L. (1977) *Autonomous Technology: Technics-out-of-Control as a Theme in Political Thought*, Cambridge MA: MIT Press.

Wirth, L. (1994) 'Urbanism as a way of life' in P. Kasinitz (ed.), *Metropolis: Center and Symbol of our Times*, London: Macmillan (first published 1938).

Wohllaib, N. (2008) 'Smart homes, smart cities', *Pictures of the Future* (Fall), Siemens Corporation, at http://www.siemens.com/content/dam/internet/siemens-com/innovation/pictures-of-the-future/pof-archive/pof-fall-2008.pdf

Wolf, M. (2011) Interview with the *British Journal of Photography*, archived at http://web.archive.org/web/20110214094713/http://www.bjp-online.com/british-journal-of-photography/news/2025845/world-press-photo-google-street-view-photojournalism

Wolman, G. (1956) 'Address by the Lettrist International Delegate to the Alba Conference of September 1956', at http://www.cddc.vt.edu/sionline/presitu/wolman.html

Zukin, S. (1982) *Loft Living: Culture and Capital in Urban Change*, Baltimore: Johns Hopkins University Press.

图书在版编目(CIP)数据

地理媒介:网络化城市与公共空间的未来/(澳)斯科特·麦夸尔(Scott McQuire)著;潘霁译. —上海:复旦大学出版社,2019.12(2022.1 重印)
(传播与中国译丛. 城市传播系列)
书名原文:Geomedia:Networked Cities and the Future of Public Space
ISBN 978-7-309-14259-4

Ⅰ. ①地… Ⅱ. ①斯…②潘… Ⅲ. ①互联网络-应用-城市空间-公共空间-空间规划-研究 Ⅳ. ①TU984.11-39

中国版本图书馆 CIP 数据核字(2019)第 066852 号

地理媒介:网络化城市与公共空间的未来
[澳]斯科特·麦夸尔(Scott McQuire) 著 潘 霁 译
责任编辑/朱安奇

复旦大学出版社有限公司出版发行
上海市国权路 579 号 邮编:200433
网址:fupnet@fudanpress.com http://www.fudanpress.com
门市零售:86-21-65102580 团体订购:86-21-65104505
出版部电话:86-21-65642845
上海盛通时代印刷有限公司

开本 787×960 1/16 印张 12.75 字数 179 千
2022 年 1 月第 1 版第 3 次印刷

ISBN 978-7-309-14259-4/T·644
定价:45.00 元